基坑工程施工管理与案例

林大干　曲永昊　王云江　主编

中国建材工业出版社

图书在版编目（CIP）数据

基坑工程施工管理与案例 / 林大干，曲永昊，王云
江主编. – 北京：中国建材工业出版社，2021.3（2024.5 重印）
ISBN 978-7-5160-3035-6

Ⅰ. ①基… Ⅱ. ①林… ②曲… ③王… Ⅲ. ①基坑工
程－工程施工－施工管理 Ⅳ. ①TU46

中国版本图书馆 CIP 数据核字（2021）第 035940 号

基坑工程施工管理与案例
Jikeng Gongcheng Shigong Guanli yu Anli
林大干　曲永昊　王云江　主编

出版发行：中国建材工业出版社
地　　址：北京市西城区白纸坊东街 2 号院 6 号楼
邮　　编：100054
经　　销：全国各地新华书店
印　　刷：北京雁林吉兆印刷有限公司
开　　本：787mm×1092mm　1/16
印　　张：11.5
字　　数：280 千字
版　　次：2021 年 3 月第 1 版
印　　次：2024 年 5 月第 2 次
定　　价：58.00 元

编　委　会

主　　　审：赖荣辉

主　　　编：林大干　曲永昊　王云江

副 主 编：王其炎　汪业青　敬松柏　鲍镇杭　袁新禧

参　　　编：江胜利　邢彬彬　刘　玲　许善奎　李子杰　李　志

　　　　　　邱浙祥　陈建军　林深钢　欧世伦　周伟杰　周晓峰

　　　　　　俞　杰　贾少伟　徐建华　徐　俊　敬伯文　谢自强

　　　　　　谢作生　赖燕良　窦洪羽

（参编按姓氏笔画排序）

主编单位：浙江交工集团股份有限公司

参编单位：中铁建大桥工程局集团第三工程有限公司

　　　　　　金牛城建集团有限公司

　　　　　　中铁隧道局集团有限公司

　　　　　　杭州萧宏建设环境集团有限公司

　　　　　　杭州三华建设有限公司

　　　　　　杭州卓强建筑加固工程有限公司

前　言

　　基坑工程是土木工程领域发展较快的一门学科，同时也是一门实践性很强的工程技术学科。基坑工程涉及的学科较多，加上它具有实践性强、影响基坑工程的不确定因素多、周边环境复杂多样、各地区土层多变、工程量大、工序多等特点，使它成为施工风险性大、施工技术复杂、施工难度大的工程。

　　随着我国经济建设的迅猛发展，地下空间不断被开发利用，许多地区施工了一大批规模大、深度深、地质和周边环境复杂多样的基坑工程，笔者通过实践积累了极为丰富的经验，已能熟练地掌握各种高难度基坑工程信息化施工技术，总结这些施工经验很有必要，同时基坑工程施工对环保和文明施工的要求严格，这些问题也要重视。

　　本书系统讲述了基坑工程施工的全过程，包括施工前期准备工作，基坑施工过程控制（施工要点、质量控制、检查验收、安全控制、环境保护）以及施工技术资料的编制、整理及归档，全面阐述了基坑工程信息化施工过程中遇到的问题，工艺方法先进，切实可行，措施可靠，内容全面、系统、完整、新颖。针对不同的施工工艺，本书各介绍了一个详细的工程案例，理论与实践相结合，可操作性强，便于工程技术人员从不同角度把控施工过程，了解技术要点，编制施工专项方案以指导施工。在编写方式上采取了文字与图表相结合，力求做到简明扼要，便于读者理解和应用。本书的出版，相信对广大基坑工程施工人员会有所帮助。

编　者

2020 年 11 月 1 日

目　　录

第一章 概　　述

第一节 引　　言

基坑工程是一个古老而又有时代特点的岩土工程课题。放坡开挖和简易木桩围护可以追溯到远古时代。人类土木工程活动促进了基坑工程的发展。特别是到了 21 世纪，随着大量高层、超高层建筑以及地下工程的不断涌现，对基坑工程的要求越来越高，其出现的问题也越来越多，促使工程技术人员以新的眼光去审视基坑工程这一古老课题，使许多新的经验和理论的研究方法得以出现与成熟。

基坑工程在我国开展广泛的研究始于 20 世纪 80 年代初，那时我国的改革开放方兴未艾，基本建设如火如荼，高层建筑不断涌现，相应的基础埋深不断增加，开挖深度也就不断发展，特别是到了 20 世纪 90 年代，大多数城市都进入了大规模的旧城改造阶段，在繁华的市区内进行基坑开挖给这一古老课题提出了新的内容，那就是如何控制基坑开挖的环境效应问题，从而进一步促进了基坑开挖技术的研究与发展，产生了许多先进的设计计算方法，众多新的施工工艺也不断付诸实施，出现了许多技术先进的成功的工程实例。但由于基坑工程的复杂条件以及设计、施工的不当，工程事故发生的概率仍然很高。

任何一个工程课题的发展都是理论与实践密切结合，并不断相互促进的成果。基坑工程的发展往往是一种新的围护形式的出现带动新的分析方法的产生，并遵循实践、认识、再实践、再认识的规律，而走向成熟。迄今为止，围护形式已经发展至数十种。从基坑围护机理来讲，基坑围护方法的发展最早有放坡开挖，然后有悬臂围护、内撑（或拉锚）围护、组合型围护等。放坡开挖需要有较大的工作面，且开挖土方量较大。在条件允许的情况下，至今仍然不失是基坑围护的好方法。悬臂围护是指不带内撑和拉锚的围护结构，可以通过设置钢板桩或钢筋混凝土桩形成围护结构。它也可以通过对基坑周围土体进行改良形成，如水泥土重力式挡墙结构。为了改善悬臂式围护结构的受力性能和变形特性，满足较深基坑的支挡土体要求，发展了内撑式围护和拉锚式围护结构。为了挖掘围护结构材料的潜在能力，使围护结构形式更加合理，并能适合各种基坑形式，综合利用"空间效应"，发展了组合型围护形式。

围护结构最早使用木桩，现代常用钢筋混凝土桩、地下连续墙、钢板桩，以及通过地基处理方法采用水泥土挡墙、土钉墙等。钢筋混凝土桩设置方法有钻孔灌注桩、人工挖孔桩、沉管灌注桩和预制桩等。

随着城市建设的发展，各类用途的地下空间已在世界各大、中城市中得到开发利用，诸如高层建筑多层地下室、地下铁道、地下车站、地下停车库、地下街道、地下商场、地下医院、 地下仓库、地下民防工事以及多种地下民用和工业设施等。近 20 年是我国城市基坑工程发展最为迅猛的时期，针对城市地区用地紧张和地价昂贵的状况，投资者总是设法提高土地的空间利用效益。由于向上伸展受到容积率的限制，因而加大对地下空间的利用则成为有效的选择。深基坑开挖与支护技术得到了前所未有的发展和推进。

第二节　我国基坑工程的主要特点

基坑是建筑工程的一部分，其发展与建筑业的发展密切相关，而深基坑是充分利用土地资源的方式之一。由于我国地少人多，人均占有土地还不及全世界人均占有土地的1/10，为节约土地，向空间要住房，向旧房要面积，许多高层建筑拔地而起。适当发展多层和高层建筑，向空中和地下发展，是解决我国土地资源紧张的一条重要出路。

随着城镇建设中高层及超高层建筑的大量涌现，深基坑工程越来越多。我国城市早期地下空间的利用大多是单一的人防功能设施，地下空间布局也主要是出于人防的考虑。开发利用源于20世纪50年代，随着中国经济的持续、稳定快速发展，城市基础设施建设，特别是城市快速公共交通建设提到了议事日程。地铁、轻轨、地下商场等地下空间工程项目陆续开发建设，中国地下空间开发利用进入了蓬勃发展的时期。

基坑工程数量、规模、分布急剧增加，同时所暴露的问题也很多。总体来看，目前我国基坑开挖与支护状况具有以下特点。

1. 基坑工程具有很强的区域性和实践性

岩土工程区域性强，岩土工程中的基坑工程的区域性更强。如黄土地基、砂土地基、软黏土地基等工程地质和水文地质条件不同的地基中，基坑工程差异性很大，即使是同一城市的不同区域也有差异。由于岩土性质千变万化，而其地质埋藏条件和水文地质条件极其复杂，往往造成勘察所得到的数据离散性很大，精确度低，难以代表土层的总体情况。因此，基坑开挖要因地制宜，具体问题应具体分析，不能简单地完全照抄照搬以往经验。

2. 基坑工程具有很强的综合性

基坑工程涉及土力学中强度、变形和整体稳定、渗流等基本课题，往往需要综合处理。有的基坑工程土压力引起支护结构的稳定性问题是主要矛盾，有的土中渗流引起土体破坏是主要矛盾，有的基坑周围地面变形是主要矛盾。基坑工程的区域性和个性强也表现在这一方面。同时，基坑工程是岩土工程、结构工程及多种复杂因素相互影响的系统工程，是理论上尚待发展的综合性学科。

3. 基坑工程具有很强的个性

基坑工程不仅与当地的工程地质条件和水文地质条件有关，还与基坑相邻建筑物、构筑物及市政地下管网的位置、抵御变形的能力、重要性以及周围场地条件有关。因此，对基坑工程安全等级进行分类、对支护结构允许变形规定统一的标准是非常困难的，应结合施工场地实际情况具体问题具体分析。

4. 基坑工程具有较强的时空效应

基坑的深度和平面形状，对基坑的稳定性和变形有较大影响。在基坑设计中，需要注意基坑工程的空间效应。软土土体，特别是软黏土，具有较强的蠕变性。作用在支护结构上的土压力随时间变化，蠕变将使土体强度降低，使土坡稳定性减小，故基坑开挖时应注意其时空效应。

5. 基坑工程具有很高的质量要求

由于基坑开挖的区域为地下结构施工的区域，有时其支护结构还是地下永久结构的一部分，而地下结构的好坏又将直接影响到上部结构。所以，必须保证基坑工程的质量，才能保证地下结构和上部结构的工程质量，进而为保证整幢建筑物的工程质量创造一个良好的前提条件。另一方面，由于基坑工程中的挖方量大，土体中原有天然应力的释放也大，这就使基坑周围环境的不均匀沉降加大，使基坑周围的建筑物出现不利的拉应力，地下管线的某些部位出现应力集中等，故而基坑工程的质量要求高。

6. 基坑工程具有较强的环境效应

基坑工程的开挖，必将引起周围地基中地下水位变化和应力场的改变，导致周围地基土体的变形，对相邻建筑物、构筑物及市政地下管线产生影响，严重的将危及相邻建筑物、构筑物及市政地下管网的安全与正常使用。并且基坑施工过程中还会产生噪声和浮尘，土方及材料运输会干扰交通，对周围环境和居民生活都有较大的影响。

基坑工程造价较高，但作为临时性工程，安全储备相对较小，因此风险性较大。由于基坑工程技术复杂，涉及范围广，事故频繁，一旦出现事故，造成的经济损失和社会影响往往十分严重，因此在施工过程中应进行监测，并应具备应急措施。

7. 基坑工程具有较大的工程量及较紧的工期

由于基坑设计深度与日俱增，工程难度逐渐增大，降雨以及开挖空间土体暴露时间长，都对结构稳定不利。因此，合理缩短施工工期，不仅对施工成本管理有利，对减小对周围环境的影响和降低事故发生概率都具有特别的意义。

8. 基坑工程具有很高的不确定性

土体内部物质成分、结构构造、强度特征、应力历史、物理力学性质以及环境、荷载条件等不同使得同一区域土性可能都有较大的差异，造成其土抗力（基床）系数、抗剪强度指标也存在很大的离散性；另外，采样土受扰动而与原状土不一致，测量仪器本身误差，统计样本数量及代表性、统计方法本身不足，土性参数间的相关性等因素都使得土体参数具有不确定性。

9. 基坑工程具有较高的事故率

基坑工程施工周期长，从开挖到完成地面以下的全部隐蔽工程，常常经历多次降雨、周边堆载、振动等许多不利条件，安全度的随机性较大，事故的发生往往具有突发性。

第三节 基坑工程存在的问题

综合起来，目前基坑工程存在的主要问题有以下几个方面：

1. 深基坑技术有待提高，以适应现代工程的需要

当前深基坑开挖支护工程已发展到以深、大、复杂为特点的新时期，特别是沿海地区，地下水位较高，土体强度低，深基坑工程施工工艺的改进问题，均有待于进一步的研究和发展。

2. 施工混乱，管理不力

对属于岩土工程的地下施工项目，资质限制不严格，基坑支护工程违法转包较为普遍，少数施工单位不具备技术条件，人力、物力等基本素质较差，为了追求利润或为迁就投资者，随意修改工程设计，降低安全度。现场管理混乱，以致出现险情时惊慌失措。

3. 质量检验方面也有不少问题

基坑支护结构的质量检测、验收方法无章可循，给基坑支护结构的质量监督和质量评

价带来困难，没有针对基坑支护工程特点建立竣工验收的质量管理体系，检测部门资质混乱。

4. 深基坑工程对工程勘察有特殊要求

基坑工程勘察工作十分重要，但许多勘察单位常常忽略对基坑环境地质的勘察，专门针对基坑的工程地质及水文地质的勘察重视不够，对各种计算参数的试验方法及取值也缺乏科学性，不符合现场实际情况。对于费时费力的现场试验及原位测试工作进行较少，勘察深度和勘察点的布置不符合基坑工程要求，以致给设计、施工带来困难和隐患。

5. 监理工作的问题

目前监理工作在人力、技术等方面还很不适应深基坑工程的特殊要求，因而要把对基坑工程的监理作为整个建筑工程监理的一个重点。

6. 施工技术的问题

1) 土层开挖和边坡支护配合不当。常见支护施工滞后于土方开挖，而不得不采取二次回填或搭设架子来完成支护施工。

一般而言，土方开挖技术含量相对较低，工序简单，组织管理容易。而围护结构的技术含量高，工序较多且复杂，施工组织和管理都较土方开挖复杂。

2) 边坡修整达不到设计、规范要求，常存在超挖和欠挖现象。

3) 土钉或锚杆受力不符合设计要求。

（1）深基坑支护所用土钉或锚杆钻孔直径一般为 100～150mm，孔深少则五六米，深则十几米，甚至二十多米，钻孔所穿过的土层质量也各不相同。钻孔时如果不认真研究土体情况，往往造成出渣不尽，残渣沉积而影响注浆，有的甚至成孔困难、孔洞坍塌，无法插筋和注浆。

（2）注浆时配料随意性大、注浆管不插到位、注浆压力不够等而造成注浆长度不足、充盈度不够，使土钉或锚杆的抗拔力达不到设计要求，影响工程质量，甚至返工处理。

4) 喷射混凝土厚度不够，强度达不到设计要求。

5) 设计与工程实际差异较大。

（1）深基坑支护由于其土压力与传统理论的挡土墙土压力有所不同，在目前没有完善的土压力理论指导下，通常仍沿用传统理论计算，因此误差是正常的。

（2）在传统理论土压力计算的基础上结合必要的经验修正可以达到使用要求。

第四节　常见的基坑支护类型

支护结构的安全等级，参见表 1-1。

表 1-1　支护结构的安全等级

安全等级	破坏后果
一级	支护结构失效、土体过大变形对基坑周边环境或主体结构施工安全的影响很严重
二级	支护结构失效、土体过大变形对基坑周边环境或主体结构施工安全的影响严重
三级	支护结构失效、土体过大变形对基坑周边环境或主体结构施工安全的影响不严重

基坑工程的安全等级划分标准参见表 1-2。

表 1-2 基坑工程的安全等级划分标准

安全等级	基坑开挖深度 h(m)	场地岩土工程条件	周边环境条件	破坏后果	重要性系数
一级	$h \geqslant 8$	场地地质、水文地质条件复杂，基坑揭露的软土厚度 $\geqslant 5.0$m	基坑周边 1 倍开挖深度范围内有重要建(构)筑物、市政设施或管线	很严重	1.1
二级	$5 \leqslant h < 8$	场地地质、水文地质条件一般，基坑揭露的软土厚度 < 5.0m	基坑周边 1～3 倍开挖深度范围内有重要建(构)筑物、市政设施或管线	严重	1.0
三级	$h < 5$	场地地质、水文地质条件简单，无软土	基坑周边 3 倍开挖深度范围内有重要建(构)筑物、市政设施或管线	不严重	0.9

常见的基坑支护类型如下。

1. 地下连续墙

地下连续墙是基础工程在地面上采用一种挖槽机械，沿着深开挖工程的周边轴线，在泥浆护壁条件下，开挖出一条狭长的深槽，清槽后，在槽内吊放钢筋笼，然后用导管法灌注水下混凝土筑成一个单元槽段，如此逐段进行，在地下筑成一道连续的钢筋混凝土墙壁，作为截水、防渗、承重、挡水结构。

（1）地下连续墙的优点

① 施工全盘机械化，速度快、精度高，并且振动小、噪声小，适用于城市密集建筑群及夜间施工。

② 具有多功能用途，如防渗、截水、承重、挡土、防爆等，由于采用钢筋混凝土或素混凝土，强度可靠，承压力大。

③ 对开挖的地层适应性强，在我国除熔岩地质外，可适用于各种地质条件，无论是软弱地层或在重要建筑物附近的工程中，都能安全地施工。

④ 可以在各种复杂的条件下施工，如美国 110 层世界贸易中心的地基，过去曾为河岸，地下埋有码头等构筑物，用地下连续墙则易处理；广州白天鹅宾馆基础施工，地下连续墙呈腰鼓状，两头窄、中间宽，形状虽复杂但也能施工。

⑤ 开挖基坑无须放坡，土方量小，浇混凝土无须支模和养护，并可在低温下施工，降低成本，缩短施工时间。

⑥ 用触变泥浆保护孔壁和止水，施工安全可靠，不会引起水位降低而造成周围地基沉降，保证施工质量。

⑦ 可将地下连续墙与"逆作法"施工结合起来，地下连续墙为基础墙，地下室梁板作支撑，地下部分施工可自上而下与上部建筑同时施工，将地下连续墙筑成挡土、防水和承重的墙，形成一种深基础多层地下室施工的有效方法。

（2）地下连续墙的缺点

① 每段连续墙之间的接头质量较难控制，容易形成结构的薄弱点。

② 墙面虽可保证垂直度，但比较粗糙，尚须加工处理或做衬壁。

③ 施工技术要求高，无论是造槽机械选择、槽体施工、泥浆下浇筑混凝土、接头、泥浆处理等环节，均应处理得当，不容疏漏。

④ 制浆及处理系统占地较大，管理不善易造成现场泥泞和污染。

地下连续墙具有整体刚度大的特点和良好的止水防渗效果，适用于地下水位以下的软黏土和砂土等多种地层条件和复杂的施工环境，尤其是基坑底面以下有深层软土的情况，因此在国内外的地下工程中得到广泛的应用。并且随着技术的发展和施工方法及机械的改进，地下连续墙发展到既是基坑施工时的挡土围护结构，又是拟建主体结构的侧墙，如支撑得当，且配合正确的施工方法和措施，可较好地控制软土地层的变形。

由于地下连续墙优点多，广泛应用在建筑物的地下基础、深基坑支护结构、地下车库、地下铁道、地下城、地下电站及水坝的防渗墙等工程中。

2. 锚杆

锚杆是当代煤矿中巷道支护最基本的组成部分，它将巷道的围岩加固在一起，使围岩自身支护自身。锚杆不仅用于矿山，也用于工程技术中，对边坡、隧道、基坑、坝体进行主体加固。锚杆作为深入地层的受拉构件，它一端与工程构筑物连接，另一端深入地层中，整根锚杆分为自由段和锚固段，自由段是指将锚杆头处的拉力传至锚固体的区域，其功能是对锚杆施加预应力。

锚杆支护技术就是在土层或岩层中钻孔，埋入锚杆后灌注水泥（或水泥砂浆、锚固剂），依靠锚固体与岩层之间的摩擦力、拉杆与锚固体的握裹力以及拉杆强度的共同作用，来承受作用于支护结构上的荷载。通过锚杆的轴向作用力，将杆体周围围岩中一定范围岩体的应力状态由单向（或双向）受压转变为三向受压，从而提高其环向抗压强度，使压缩带既可承受其自身质量，又可承受一定的外部荷载，使其有效地控制围岩变形。

锚杆支护是在边坡、岩土深基坑等地表工程及隧道、采场等地下施工中均广泛采用的一种既安全又经济的支护方式，是以锚杆为主体的支护结构的总称，包括锚杆、锚喷、锚喷网等支护形式。由于锚杆支护技术具有成本低、支护效果好、操作简便、使用灵活、占用施工净空少等优点，在一些矿区，锚杆支护巷道的比例达到90%以上，有些矿井甚至达到了100%，取得了较好的技术与经济效益。

锚杆支护适用于不受采动影响或某些受采动影响的巷道，既可单独支护，又可以同其他支护形式相结合。

（1）锚杆支护的优点

① 锚杆支护作为一种主动支护形式，在支护原理上符合现代岩石力学和围岩控制理论，锚杆安装以后在围岩内部对围岩进行加固，能够调动和利用围岩自身的稳定性，充分发挥围岩自身的承载能力。所以锚杆支护有利于保护巷道围岩的稳定，改善巷道围护状况。

② 锚杆杆体质轻，省材料，与传统的棚式支护相比，易于安装，支护成本低。

③ 锚杆支护本身占用巷道断面与传统支护形式相比少得多，传统支护中巷道掘进断面超控量占15%～20%，锚杆支护超控量只需3%以下。

④ 锚杆支护可实现机械化作业，可有效提高掘进速度，提高成巷率。

⑤ 锚杆支护可有效减少巷道维修工作。

（2）锚杆支护的缺点：锚杆支护作用机理及适用条件的研究尚不充分，没有一套完整的支护理论被公认，支护参数不以准确确定。

3. 钻孔灌注桩排桩

钻孔灌注桩排桩支护是指柱列式间隔布置钢筋混凝土挖孔、钻（冲）孔灌注桩作为主要挡土结构的一种支护形式。柱列式间隔布置包括桩与桩之间有一定净距的疏排布置形式和桩与桩相切的密排布置形式。柱列式灌注桩作为挡土围护结构有很好的刚度，但各桩之间的联系差，因此必须在桩顶浇筑较大截面的钢筋混凝土冠梁加以可靠连接。

凡以机械回转钻成孔，然后向孔中灌注混凝土或钢筋混凝土所成的桩，都叫作钻孔灌注桩。按照成孔工艺特点，可分为正循环回转钻进、反循环回转钻进、无循环螺旋钻进三大类，各大类均有其自身的适用范围及优缺点。

➤正循环回转钻进成孔工艺：适用于黏性土、粉土、砂土、碎石类土、强风化岩及软岩等，成桩直径500～2200mm。针对不同地层可采取不同钻头钻进，实现不取芯或取芯钻进，钻进效率高。缺点是在卵漂石层中钻进困难；钻孔直径大时，坍塌地层护壁困难，泥浆放量大。

➤反循环回转钻进成孔工艺：适用于黏性土、粉土、砂土、碎石类土、强风化岩及软岩等，成桩直径500～2200mm。钻进粉细砂、卵砾石、黏性土、粉土效率高、进尺快；可使用清水钻进，靠水柱压力保持孔壁稳定，排渣彻底、孔底干净，钻进效率高，钻头消耗少，对大口径较深的孔钻进有利。缺点是对含水层有抽吸作用，水量消耗大，特别是漏水情况容易引起坍孔。

➤无循环螺旋钻进成孔工艺：适用于地下水位以上的填土、黏性土、粉土、中等密度以上的砂土等，成桩直径300～800mm。对均质的黏性土、粉土、砂土钻进效率高，不使用冲洗液，无泥浆污染，噪声小、振动小，可在狭窄场地施工，成本低，消耗材料少。缺点是不适宜大粒径卵砾石、漂石、岩石施工；一般桩径较小，单桩承载力低。

尽管灌注桩的构造形式、施工方法与预制桩有较大差异，但就其桩的工作基本原理而言，又有许多共同点，其计算理论和设计方法也是以打入式预制桩的理论为基础的。

当天然地基上的浅基础沉降量过大或地基稳定性不能满足建筑物的要求时，常采用桩基础。桩基通常由若干根桩组成，顶部由承台联成一体，构成桩基础，再在承台上修筑上部建筑。建筑物的荷载通过桩传递到地基土中，以满足建筑物的变形和稳定性要求。

桩按受力性质可分为端承桩和摩擦桩两大类：

➤端承桩：建筑物的荷载通过桩传递到坚硬土层或岩层上，桩上的载荷大部分靠桩端的支承力来承担，桩周土的摩擦力所起作用较小或略而不计。

➤摩擦桩：建筑物的荷载通过桩传递到桩周土中及桩端下土中去，桩上的荷载大部分靠桩表面与土的摩擦力来支承，桩端的支承力较小可略而不计。

（1）钻孔灌注桩的优点：适应性广，适合在各种地层中施工，桩长、桩径选择范围大，单桩承载力高，与预制桩相比，可节约钢材、降低成本，施工噪声小，适合在建筑密集的市区施工。

（2）钻孔灌注桩的缺点：施工工艺比较复杂，影响质量的因素较多，施工质量难以控制，排污量大有时难以处置。

4．土钉

土钉支护是用于土体开挖和边坡稳定的一种挡土技术，由于经济、可靠且施工快速简便，已在我国得到迅速推广和应用。

土钉支护的使用要求土体具有临时自稳能力，以便给出一定时间施工土钉墙，因此对土钉墙适用的地质条件应加以限制。

（1）土钉的优点：稳定可靠、经济性好、效果较好，在土质较好地区应积极推广。

（2）土钉的缺点：土质不好的地区难以运用，需土方配合分层开挖，对工期要求紧的工地需投入较多设备。

（3）土钉的适用环境：主要用于土质较好地区，开挖较浅基坑。

注意事项：对于周边邻近建筑物或道路等对变形控制较严格区段或较深的基坑，需增加预应力锚杆或锚索，称之为加强型土钉墙，因施加预应力较小，可设置简易腰梁。

根据土层及地下水情况，能干法成孔尽量干法成孔。如遇回填土及局部软土层，钢筋土钉改为钢花管土钉，采用冲击器击入效果更佳。

5）内支撑。内支撑式支护由内支撑系统和挡土结构两个部分组成，基坑开挖所产生的土压力和水压力主要由挡土结构来承担，经挡土结构将这两部分侧向压力传递给内支撑。挡土围护结构也可防止地下水渗漏，是稳定基坑的一种临时支挡方式。一般情况下，支撑结构的布置形式有水平支撑体系和竖向支撑体系两种。

6）高压喷射注浆（旋喷桩）。高压旋喷桩是喷射注浆法的一种，是将带有特殊喷嘴的注浆管插入设计的土层深度，然后将水泥砂浆以高压流的形式从喷嘴内射出，冲击切削土体。土体在高压喷射流的强大动力等作用下发生强度破坏，土颗粒从土层中剥落下来，与水泥浆搅拌形成混合浆液。一部分细颗粒随混合浆液冒出地面，其余土粒在射流的冲击力、离心力和重力等力的作用下，按设定浆土比例和质量大小，有规律地重新排列。这样由下至上不断地喷射注浆，混合浆液凝固后，在土层中形成具有一定强度的固结体。

高压旋喷桩有施工占地少、振动小、噪声较低的优点，但同样有容易污染环境、成本较高的缺点。

（1）高压喷射注浆法适用于处理淤泥、淤泥质土、流塑、软塑或可塑黏性土、粉土、砂土、黄土、素填土和碎石土等地基。

（2）当土中含有较多大粒径块石、坚硬黏性土、大量植物根茎或过多的有机质时，对淤泥和泥炭土以及已有建筑物的湿陷性黄土地基的加固，应根据现场试验结果确定其适用程度，并通过高压喷射注浆试验确定其适用性和技术参数。

（3）高压喷射注浆法对基岩和碎石土中的卵石、块石、漂石呈骨架结构的地层，地下水流速过大的地层，地下水具有侵蚀性的地层，已涌水的地基工程，应慎重使用。

（4）高压喷射注浆法可用于既有建筑和新建建筑的地基加固处理、深基坑止水帷幕、边坡挡土或挡水、基坑底部加固、防止管涌与隆起、地下大口径管道围封与加固、地铁工程的土层加固或防水、水库大坝、海堤、江河堤防、坝体坝基防渗加固、构筑地下水库截渗坝等工程。

7）钢板桩与钢筋混凝土板桩

（1）钢板桩。钢板桩是一种边缘带有联动装置，且这种联动装置可以自由组合以便形成一种连续紧密的挡土或者挡水墙的钢结构体。

常用打桩设备：冲击式、振动式（也可用于拔桩）、振动冲击式、静力压桩。常用钢板桩打桩法分三类：

① 单独打入法

方法：从钢板桩墙的一角开始，逐块打设，直到工程结束。

优点：方便、快捷，不需要辅助支架。

缺点：打设过程中桩体容易倾斜，误差积累后不易纠正。

② 屏风式打入法

方法：将 10～20 根钢板桩成排插入导架内，使之成屏风状，桩机然后来回施打，并使两端先打到要求深度，再将中间的钢板桩顺次打入。

优点：这种施工方法可防止钢板桩可以减少倾斜误差积累，防止过大的倾斜，且施工完后易于合拢。

缺点：施工速度慢，击搭设较高的施工桩架。

③ 围檩打桩法钢筋混凝土板桩不仅仅是单独的板桩式构件，而是指由钢筋混凝土板桩构件沉桩后形成的组合桩体，是一种工厂化，装配化的基坑围护结构。

方法：围檩打桩法是在地面上一定高度处离轴线一定距离，先筑起单层或双层围檩架，而后将钢板桩依次在围檩中全部插好，待四角封闭合拢后，再逐渐按阶梯状将钢板桩逐块打至设计标高。

优点：能保证钢板桩墙的平面尺寸、垂直度和平整度，适用于精度要求高、数量不大的场合。

缺点：施工复杂，施工速度慢，封闭合拢时需要异型桩。

(2) 钢筋混凝土板桩。钢筋混凝土板桩不仅是单独的板桩式构件，还由钢筋混凝土板桩构件沉桩后形成的组合桩体，是一种工厂化、装配化的基坑围护结构。

8) 型钢水泥土搅拌桩。型钢水泥土复合搅拌桩（SMW）支护是利用专门的多轴搅拌就地钻进切削土体，同时在钻头端部将水泥浆液注入土体，经充分搅拌混合后，在各施工单位之间采取重叠搭接施工，在水泥土混合体未凝固前再将 H 型钢或其他型材插入搅拌桩体内，形成具有一定强度和刚度的、连续完整的、无接缝的地下连续墙体。该墙体可作为地下开挖基坑的挡土和止水结构。

9) 重力式水泥土挡土墙。重力式挡土墙是以挡土墙自身强度来维持挡土墙在土压力作用下的稳定。它是我国目前常用的一种挡土墙。重力式挡土墙可用石砌或混凝土建成，一般都做成简单的梯形。

(1) 重力式水泥土挡土墙的优缺点

优点：由于坑内无支撑，便于机械化快速挖土；挡土又防渗，比较经济。

缺点：不宜用于深基坑；位移相对较大；墙体厚度大，有时受周围环境限制。

(2) 重力式水泥土墙支护的适用范围

① 地质条件。国内外大量试验和工程实践表明，水泥土主墙除适用于淤泥、淤泥质土和含水量高的黏土、粉质黏土、粉土外，随着施工设备能力的提高，亦广泛应用于砂土及砂质黏土等较硬质的土质，但当用于泥炭土或土中有机质含量较高、酸碱度（pH 值）较低（≪7）及地下水有侵蚀性时，应慎重对待，并宜通过试验确定其实用性。对于场地地下水受江河潮汐涨落影响或其他原因而存在动地下水时，宜对成桩可行性做现场试验确定。

② 基坑开挖深度。对于软土基坑，支护深度不宜大于 6m；对于非软土基坑，支护深度达 10m 的重力式水泥土墙（加劲水泥土墙、组合式水泥土墙等）也有成功的工程实践。重力式水泥土墙的侧向位移控制能力较弱；基坑开挖越深，墙体的侧向位移越难控制；在基坑周边环境保护要求较高的情况下，开挖深度应严格控制。

第二章　施工前期准备工作

第一节　施工准备

施工准备工作的基本内容包括：技术准备、物质准备、施工组织准备、施工现场准备和场外协调工作准备等。这些工作有的在开工前完成，有的则可贯穿整个施工过程。工程各阶段工作内容参见图 2-1。

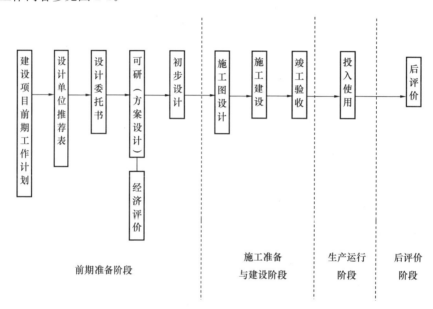

图 2-1　工程各阶段工作内容

1. 施工技术准备

1）编制实施性施工组织设计。实施性施工组织设计是对施工活动实行科学管理的重要手段，它具有战略部署和战术安排的双重作用。它体现了实现基本建设计划和设计的要求，提供了各阶段的施工准备工作内容，可协调施工过程中各施工单位、各施工工种、各项资源之间的相互关系。前期准备工作计划参见图 2-2。

2）熟悉、审查施工图纸和有关的设计资料。施工图发放至各施工班组，由技术负责人、施工员和各班组负责检查图纸是否齐全、图纸本身有无错误和矛盾、设计内容与施工条件能否一致等。同时应熟悉有关设计数据。

3）图纸会审。由建设单位主持，设计单位和施工单位参加，三方进行设计图纸的会审。施工单位根据自审记录以及对设计意图的了解，提出对设计图纸的疑问和建议；最后在统一认识的基础上，对所探讨的问题逐一地做好记录，形成"图纸会审纪要"，由建设单位正式行文，参加单位共同会签、盖章，作为与设计文件同时使用的技术文件和指导施工的依据，以及建设单位与施工单位进行工程结算的依据。

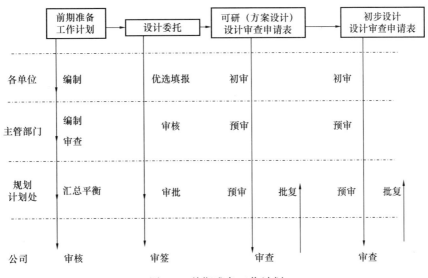

图 2-2 前期准备工作计划

4）线路复测及成果报批。与设计单位按规定交接桩后，由测量组对全线进行贯通复核测量（简称复测）。采用设计单位测量成果；超出允许范围时，应及时向业主报告，由业主联系设计单位进行复核调整并签认，否则不得作为施工依据。所有的控制测量均应在监理工程师在场的情况下进行。复测工作完成后，应将完整的、经监理工程师复核签认的复测资料报送筹备组有关部门。

5）施工预算

（1）编制施工图预算。施工图预算是技术准备工作的主要组成部分之一，是按照施工图确定的工程量、施工组织设计所拟订的施工方法、建筑工程预算定额及其取费标准，由施工单位编制的确定建筑安装工程造价的经济文件是施工企业签订工程承包合同、工程结算、建设单位拨付工程价款、进行成本核算、加强经营管理等方面工作的重要依据。

（2）编制施工预算。施工预算是根据施工图预算、施工图纸、施工组织设计或施工方案、施工定额等文件进行编制的，它直接受施工图预算的控制。它是施工企业内部控制各项成本支出、考核用工、"两算"对比、签发施工任务单、限额领料、基层进行经济核算的依据。

6）落实实验室及购置施工检测器具。落实施工材料检测实验室，商榷检测费用，购置工程需用软件、表格和建立各项工作台账以及施工现场安全、质量、文明施工标牌、购置水准仪、全站仪（或经纬仪）丈测器具及准备施工放线工具等。

7）施工准备工作为项目建设服务，施工方介入项目的开始期因项目管理模式的不同而有所不同，并与其前置条件——招标图纸的完备情况相互衔接。

（1）以施工图纸作为招标图纸，施工方介入的只是项目的施工阶段；

（2）以扩大初步设计的图纸招标，施工方就已介入了项目的施工图设计阶段；

（3）以招标用的方案设计图为基础，施工方所介入的是项目建造的全过程。

工程建设项目生命周期参见图 2-3。

2. 施工现场准备

1）建立测量控制网点。按照总平面图要求布置测量点，设置永久点的经纬坐标桩及

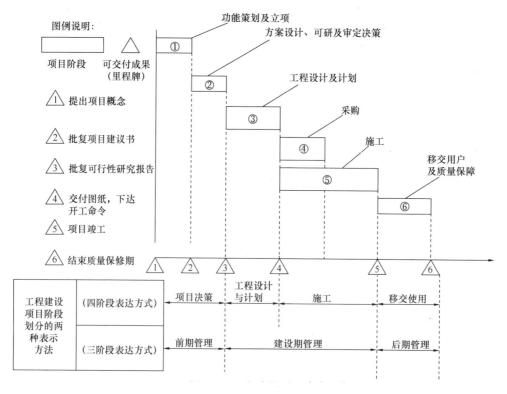

图 2-3　工程建设项目生命周期

水平桩，组成测量控制网。

2）搞好"三通一平"（路通、电通、水通、平整场地）；修通场区主要运输干道；接通土地用电线路；布置生产生活供水管网和现场排水系统；按总平面确定的标高组织土方工程的挖填、找平工作等。

3）修建大型临时设施，包括各种附属加工场、仓库、食堂、宿舍、厕所、办公室以及公用设施等。

4）设置消防、保安设施。按照施工组织设计的要求，根据施工总平面图的布置，建立消防、保安等组织机构和有关的规章制度，布置安排好消防、保安等措施。

3. 材料准备

1）材料准备：根据施工组织设计中的施工进度计划和施工预算中的工料分析，编制工程所需材料用量计划，作为备料、供料和确定仓库、堆场面积及组织运输的依据，组织材料按计划进场，并做好保管工作。

2）施工临设及常规物资：搭建临时设施及筹备各类施工工具，测量定位仪器、消防器材、周转材料等，均应提前进场，并合理分类堆放，派专人看护。

3）施工用建筑材料视施工阶段进展情况计划材料进场时间，预先编制采购计划，并报请业主及监理工程师审核确认，所有进场物资按预先设定场地分类别堆放，并做好标志。

4）对于一些特殊产品，根据工程进展的实际情况编制使用计划，报业主及现场监理工程师审核及批准，组织进场，同时在管理中派专人负责供料和有关事宜，如收料登记、指定场地堆放、产品保护等工作。

5）施工现场的管材、钢材、商品混凝土、沥青混凝土、水泥稳定碎石料等均由长期合作的专业供应商进货。

6）严格按质量标准采购工程需用的成品、半成品、构配件及原材料、设备等，合理组织材料供应和材料使用并做好储运、搬运工作，做好抽样复试工作，质量管理人员对提供产品进行抽查监督。

7）材料供应计划

（1）待项目中标后，按工程预算及图纸计算工程主要材料量并汇总。

（2）各种主材和地方材料由材料采购员有计划地采购。

（3）工程材料按工程计算需用量，提出材料进场或入库日程，日后详列好材料供应计划日程表。

（4）组织进场材料检验和办理验收手续。

4. 劳动力准备

根据施工进度计划，组织施工班组陆续进场，并对技术性工种的施工人员进行岗位培训，实行持证上岗，为保证工程质量和工期，派强有力的项目班子及抽调有丰富经验的班组进场施工。EPC项目管理组织机构如图2-4所示。

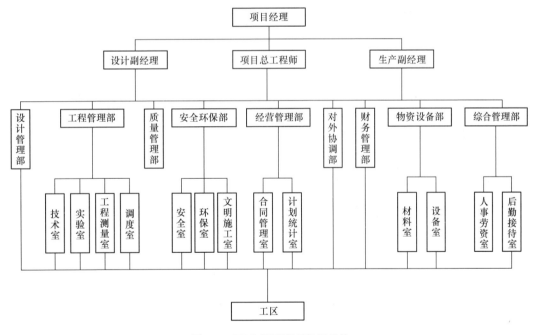

图2-4　EPC项目管理组织机构

建立拟建工程项目的领导机构，设立现场项目部，建立精干的施工队伍，集合施工力量，组织劳动力进场，向施工队伍、工人进行施工组织设计、计划技术交底，并建立健全各项管理制度。特殊及技术工种必须持有统一考核颁发的操作作业证及技术等级证书。

1）设立现场项目部

（1）充分认识组建施工项目经理部的重要性，成立项目组织机构。

（2）施工项目经理部的工人要选拔思想素质高、技术能力强、一专多能的人，既能实际操作又能胜任管理。

（3）工程项目经理、项目工程师、技术总负责等均有大中专学历、中高级职称，确保工程项目管理机构的设置知识化、专业化，满足工程项目的要求。

（4）在劳务队伍的选择上，挑选施工经验丰富、勤劳苦干的优秀施工班组组织项目工程的施工；特殊及技术工种均保证持证上岗。

2）明确项目经理部领导成员的职责

（1）项目经理：直接与甲方、监理、公司总部密切联系，及时请示汇报施工中的有关情况，按要求及时报送每旬施工总结简报；全面负责工程实施过程，确保项目顺利建成；全面负责工程资材配备，协调理顺各部门关系；制定工程质量方针、目标，采取必要的组织、管理措施保证质量方针的贯彻执行；管理项目资金的运转，主持每月经济活动分析；直接参与对甲方的协调工作。

（2）项目总工程师：全面负责工程技术、质量和安全工作，协调各专业施工技术管理；参与制定、贯彻工程质量方针；解决施工过程中出现的技术问题；负责施工过程中的质量监控、技术资料的管理。

（3）财务总负责：负责日常生产的财务管理及各种材料、设备的资金计划安排；协助项目经理做好成本控制，管理项目资金运转；负责项目经理部后勤管理工作。

（4）组织人员培训：培训内容为政治思想、劳动纪律、项目工程概述及承担项目任务的重要性。

第二节　施工测量

施工测量的目的是按照设计和施工的要求将设计的建筑物、构筑物的平面位置和高程在地面上标定出来，作为施工的依据，并在施工过程中进行一系列的测量工作，以衔接和指导各工序之间的施工。施工测量贯穿于整个施工过程中。从场地平整、建筑物定位、基础施工，到建筑物构件安装等都需要进行施工测量，以使建筑物、构筑物各部分的尺寸、位置符合设计要求。

1. 施工测量的主要内容

1）建立施工控制网。

2）依据设计图纸要求进行建（构）筑物的放样。

3）每道施工工序完成后，通过测量检查各部位的平面位置和高程是否符合设计要求。

4）随着施工的进展，对一些大型、高层或特殊建（构）筑物进行变形观测。

2. 施工测量的特点

1）施工测量遵循"从整体到局部，先控制后细部"的原则。

2）施工测量精度取决于建筑物的用途、大小、性质、材料、结构形式和施工方法。

3）施工测量是工程建设的一部分，必须做好一系列准备工作。

4）施工测量的质量将直接影响工程建设的质量，故施工测量应建立健全检查制度。

5）施工现场交通频繁，地面震动大，各种测量标志应埋设稳固，一旦被毁，应及时恢复。

6）施工现场工种多，交叉作业，干扰大，易发生差错和安全事故。

第三节 施工现场平面布置

1. 施工现场平面布置图内容

1）工程施工用地范围内的地形状况。

2）全部拟建的建（构）筑物和其他基础设施的位置。

3）工程施工用地范围内的加工设施（搅拌站、加工棚）、运输设施（塔式起重机、施工电梯、井架等）、存贮设施（材料、构配件、半成品的堆放场地及仓库）、供电设施、供水供热设施、排水排污设施、临时施工道路和办公、生活用房等。某高层建筑结构施工阶段总平面图如图 2-5 所示。

4）施工现场必备的安全、消防、保卫和环境保护等设施。

5）相邻的地上、地下既有建（构）筑物及相关环境。

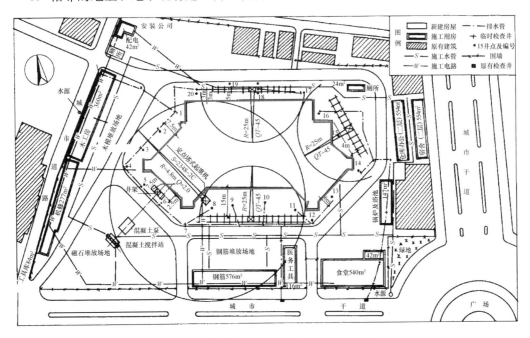

图 2-5 某高层建筑结构施工阶段总平面图

2. 施工现场平面布置依据

1）国家有关法律法规对施工现场管理提出的要求及地方政策的要求。

2）拟建工程的当地原始资料，包括：

（1）自然条件调查资料：气象、地形、水文及工程地质资料。

（2）技术经济调查资料：交通运输、水源、电源、物资资源、生产和生活基地情况。

3）施工资料：

（1）单位工程施工进度计划，从中可了解各个施工阶段的情况，以便分阶段布置施工现场。

（2）施工方案：据此可确定垂直运输机械和其他施工机具的位置、数量和规划场地。

（3）各种材料、构件、半成品等需求量计划，以便确定仓库和堆场的面积、形式和位置。

3. 施工现场平面布置原则

1）平面布置科学合理，施工场地占用面积少。

2）合理组织运输，减少二次搬运。

3）施工区域的划分和场地的临时占用应符合总体施工部署和施工流程的要求，减少相互干扰。

4）充分利用既有建（构）筑物和既有设施为项目施工服务，降低临时设施的建造费用。

5）临时设施应方便生产和生活，办公区、生活区和生产区宜分离设置。

6）符合节能、环保、安全和消防等要求。

7）遵守当地主管部门和建设单位关于施工现场安全文明施工的相关规定。

4. 施工现场平面布置图的绘制步骤

施工现场平面布置图绘制步骤参照图 2-6。

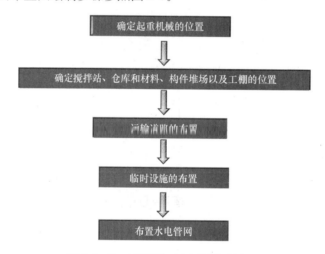

图 2-6　施工现场平面布置图绘制步骤

第三章　施工要点

第一节　地下连续墙

1. 地下连续墙施工工艺流程见图3-1。

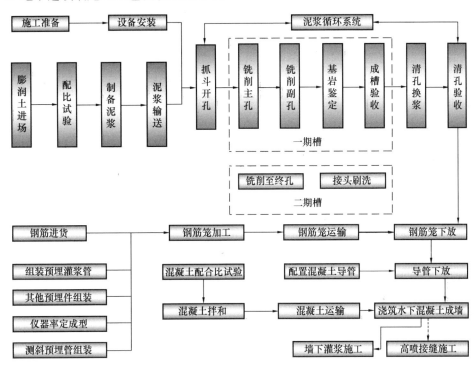

图 3-1　地下连续墙施工工艺流程

地下连续墙施工工序见图3-2。

2. 地下连续墙施工前应通过试成槽确定合适的成槽机械、护壁泥浆配比、施工工艺、槽壁稳定等技术参数。

3. 地下连续墙施工应设置钢筋混凝土导墙。导墙施工时应符合下列规定。

1）导墙施工工艺流程见图3-3。

2）导墙应采用现浇混凝土结构，混凝土强度等级不应低于C20，厚度不应小于100mm。

3）导墙顶面宜高出地面100mm，且应高于地下水位0.5m以上；导墙底部应进入原状土200mm以上，且导墙高度不应小于1.2m。

4）导墙外侧应用黏性土填实；导墙内侧墙面应垂直，其净距应比地下连续墙设计厚度加宽40mm。

5）导墙混凝土应对称浇筑，强度达到70%后方可拆模，拆模后导墙应加设对撑。

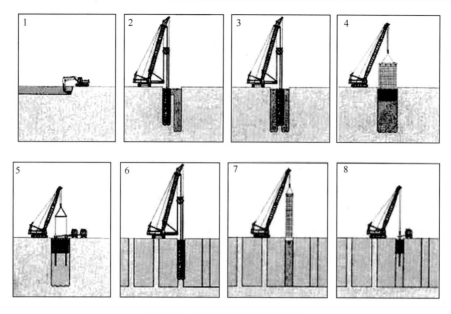

图 3-2　地下连续墙施工工序

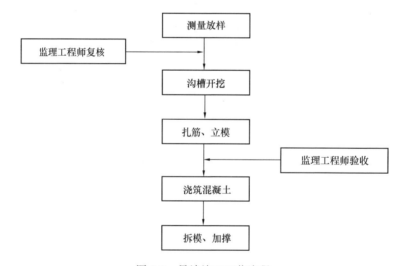

图 3-3　导墙施工工艺流程

6）遇暗浜、杂填土等不良地质时，宜进行土体加固或采用深导墙。

7）导墙允许偏差应符合表 3-1 的规定。

表 3-1　导墙允许偏差

项目	允许偏差	检查频率		检查方法
		范围	点数	
宽度（设计墙厚＋40mm）	<±10mm	每幅	1	尺量
垂直度	<H/500	每幅	1	线锤/水平尺
墙面平整度	≤5mm	每幅	1	尺量
导墙平面位置	<±10mm	每幅	1	尺量/分线仪
导墙顶面标高	±20mm	6m	1	水准仪

注：H 表示导墙的深度。

4. 泥浆制备应符合下列规定：

1）泥浆制备工艺流程见图 3-4。

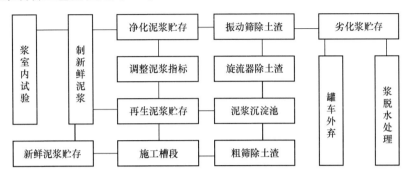

图 3-4　泥浆制备工艺流程

2）新拌制泥浆应经充分水化，贮放时间不应少于 24h。

3）泥浆的储备量宜为每日计划最大成槽方量的 2 倍以上。

4）泥浆配合比应按土层情况试配确定，一般泥浆配合比可根据表 3-2 选用。遇土层极松散、颗粒粒径较大、含盐或受化学污染时，应配制专用泥浆。

表 3-2　泥浆配合比

土层类型	膨润土	增黏剂（CMC）	纯碱（Na_2CO_3）
黏性土	8～10	0～0.02	0～0.5
砂性土	10～12	0～0.05	0～0.5

5. 泥浆性能指标应符合下列规定：

1）新拌制泥浆的性能指标须符合表 3-3 的要求。

表 3-3　新拌制泥浆的性能指标

项次	项目		性能指标	检验方法
1	相对密度		1.03～1.10	泥浆比重计
2	黏度	黏性土	19～25s	500mL/700mL 漏斗法
		砂性土	30～35s	
3	胶体率		＞98%	量筒法
4	失水量		＜30mL/30min	失水量仪
5	泥皮厚度		＜1mm	失水量仪
6	pH		8～9	pH 试纸

2）循环泥浆的性能指标须符合表 3-4 的要求。

表 3-4　循环泥浆的性能指标

项次	项目		性能指标	检验方法
1	相对密度		1.05～1.25	泥浆比重计
2	黏度	黏性土	19～30s	500mL/700mL 漏斗法
		砂性土	30～40s	

项次	项目		性能指标	检验方法
3	胶体率		＞98％	量筒法
4	失水量		＜30mL/30min	失水量仪
5	泥皮厚度		＜1～3mm	失水量仪
6	pH		8～10	pH 试纸
7	含砂率	黏性土	＜4％	洗砂瓶
		砂性土	＜7％	

3）泥浆的检测时间、位置及试验项目应符合表3-5的要求。

表 3-5 泥浆检验时间、位置及试验项目表

序号	泥浆		取样时间和次数	取样位置	试验项目
1	新鲜泥浆		搅拌泥浆达 100m³ 时取样一次，分为搅拌时和放 24h 后各取一次	搅拌机内及新鲜泥浆池内	稳定性、密度、黏度、含砂率、pH 值
2	供给到槽内的泥浆		在向槽段内供浆前	优质泥浆池内泥浆送入泵吸入口	稳定性、密度、黏度、含砂率、pH 值、含盐量
3	槽段内泥浆		每挖一个槽段，挖至中间深度和接近挖槽结束时，各取样一次	在槽内泥浆的上部受供给泥浆影响之处	稳定性、密度、黏度、含砂率、pH 值、含盐量
			仕成槽后，钢肋龙放入后，混凝土浇灌前取样	槽内泥浆的上、中、下三个位置	稳定性、密度、黏度、含砂率、pH 值、含盐量
4	混凝土置换出泥浆	判断置换泥浆能否使用	开始浇混凝土时和混凝土浇灌数米内	向槽内送浆泵吸入口	pH 值、黏度、密度、含砂率
		再生处理	处理前、处理后	再生处理槽	pH 值、黏度、密度、含砂率
		再生调制的泥浆	调制前、调制后	调制前、调制后	pH 值、黏度、密度、含砂率

6. 泥浆施工要点

1）护壁泥浆宜选用优质膨润土，使用前应取样进行泥浆配合比试验，施工阶段必须严格泥浆管理，泥浆拌制和使用时须进行检验，不合格应及时处理。

2）根据成槽施工中的实际情况，对泥浆配合比进行调整，以选择最合适的泥浆配合比。

3）新制泥浆经过 24h 膨化后再使用。回收浆经过处理，达到标准后使用。

4）废弃泥浆抽放到废浆池中，集中组织外运。外运时采用全封闭泥浆运输车外运至规定的泥浆排放点弃浆。

5）泥浆制备区挂牌标明泥浆各项指标。

7. 成槽施工时应符合下列规定：

1）抓斗成槽流程见图 3-5。

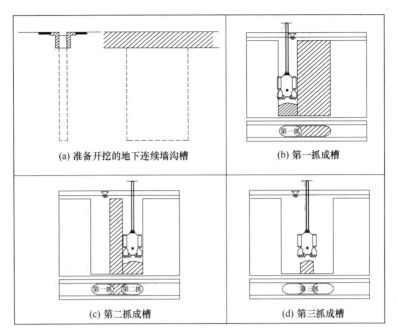

(a) 准备开挖的地下连续墙沟槽   (b) 第一抓成槽

(c) 第二抓成槽   (d) 第三抓成槽

图 3-5 抓斗成槽流程

2）计算成槽机对导墙与地面的载荷，计算配筋，合理布置钢筋有助于基槽与地层的稳定。单元槽段长度宜为 4～6m。

3）槽内泥浆面不应低于导墙面 0.3m，同时应高于地下水位 0.5m 以上。

4）成槽机应具备垂直显示仪表和纠偏装置，成槽过程中应及时纠偏。

5）单元槽段成槽过程中抽检泥浆指标不应少于 2 处，且每处不少于 3 次。

6）成槽前对护壁泥浆进行检查，合格后进行成槽作业。成槽过程中，根据实际地质情况及挖槽情况随时调整泥浆性能，同时泥浆液面控制在规定的液面高度上。

7）注意保护槽段，避免大型机械在已成槽段边缘行走，已成槽段实际深度实测后记录备查。成槽深度按设计槽底标高，参考导墙顶标高确定。

8）若成槽过程中发现泥浆大量流失、地面下陷等异常现象，应立即停止掘进，待查明原因并处理合格后再进行施工。处理方案建议：若遇杂填土或碎屑岩层造成泥浆大量泄漏，可分层回填夯实槽段，重新开挖；若遇深埋雨污水管造成泥浆大量泄漏，可采用水泥土搅拌桩返浆回填，硬化后重新开挖成槽。

9）地下连续墙成槽允许偏差应符合表 3-6 的规定。

表 3-6 地下连续墙成槽允许偏差

序号	项目		测试方法	允许偏差
1	深度	临时结构	测绳 2 点/幅	0～100mm
		永久结构		0～100mm
2	槽位	临时结构	钢尺 1 点/幅	0～50mm
		永久结构		0～30mm

序号	项目		测试方法	允许偏差
3	墙厚	临时结构	20%超声波2点/幅	0～50mm
		永久结构	100%超声波2点/幅	0～50mm
4	垂直度	临时结构	20%超声波2点/幅	≤1/200
		永久结构	100%超声波2点/幅	≤1/300
5	沉渣厚度	临时结构	100%测绳2点/幅	≤200mm
		永久结构		≤100mm

8. 成槽后的刷壁与清基应符合下列规定：

1）成槽后，应及时清刷相邻段混凝土的端面，刷壁宜到底部，刷壁次数不得少于10次，且刷壁器上无泥。刷壁器见图3-6。

2）刷壁完成后应进行清基和泥浆置换，宜采用泵吸法清基。主要清基方法参见图3-7。

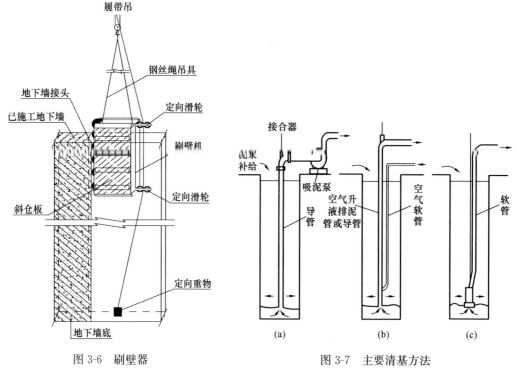

图3-6 刷壁器

图3-7 主要清基方法
（a）吸泥泵方式；（b）空气升液方式；（c）泥浆泵方式

3）清基后应对槽段泥浆进行检测，每幅槽段检测2处。取样点距离槽底0.5～1.0m，泥浆指标应符合表3-7的规定。

表3-7 泥浆指标

项目		清基后泥浆	检验方法
相对密度	黏性土	≤1.15	比重计
	砂性土	≤1.20	

项目	清基后泥浆	检验方法
黏度(s)	20～30	漏斗计
含砂率(%)	≤7	洗砂瓶

9. 槽段接头施工应符合下列规定：

1）接头管（箱）及连接件应具有足够的强度和刚度。

2）十字钢板接头与工字钢接头在施工中应配置接头管（箱），下端应插入槽底，上端宜高出地下连续墙泛浆高度，同时应制定有效的防混凝土绕流措施。

3）钢筋混凝土预制接头应达到设计强度的100%后方可运输及吊放，吊装的吊点位置及数量应根据计算确定。

4）铣接头施工时应符合下列规定：

（1）槽段连接流程见图 3-8。

（2）当采用铣接头施工时，套铣部分不宜小于200mm；后续槽段开挖时，应将套铣部分混凝土铣削干净，形成新鲜的混凝土接触面。

（3）导向插板一般选用长 5～6m 的钢板，应在混凝土浇筑前放置于预定位置。

（4）套铣一期槽段钢筋笼应设置限位块，限位块设置在钢筋笼两侧，可以采用 PVC 管等材料，一般限位块长度为 300～500mm，间距为 3～5m。

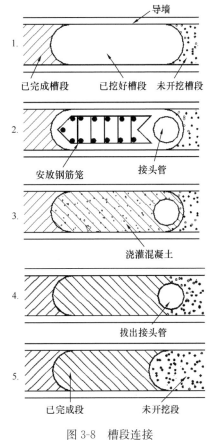

图 3-8　槽段连接

10. 钢筋笼制作和吊装应符合下列规定：

1）钢筋笼加工场地与制作平台应平整，平面尺寸应满足制作和拼装要求。

2）分节制作钢筋笼同胎制作应试拼装，采用焊接或机械连接。

3）钢筋笼制作时应预留导管位置，并上下贯通。

4）钢筋笼主筋采用直螺纹套筒连接方式，其余采用焊接。接头严格按照相关标准施工。

5）钢筋笼要求节点 100%焊接，桁架筋与主筋焊接牢固。

6）钢筋笼应设置纵横向桁架、剪刀撑等措施加强钢筋笼的整体刚度，钢筋笼应进行整体吊放安全验算。

7）钢筋笼应设保护层垫板，纵向间距为 3～5m，横向设置 2～3 块。

8）吊车的选用应满足吊装高度及起重量的要求，主吊和副吊应根据计算确定。

9）为了保证钢筋笼吊装安全，吊点位置的确定及吊环、吊具的安全性经过设计及验算，作为钢筋笼最终吊装环中吊杆构件的钢筋笼上竖向钢筋，必须同相交的水平钢筋自上而下的每个交点都焊接牢固，严格控制焊缝质量。

10）钢筋笼吊点布置应根据吊装工艺和计算确定，并应进行整体起吊安全验算，按计算结果配置吊具、吊点加固钢筋、吊筋等。

11）钢筋笼应在清基后及时吊放。

12）异型槽段钢筋笼起吊前应对转角处进行加强处理，并随入槽过程逐渐割除。

13）钢筋笼制作允许偏差见表3-8。

表3-8 钢筋笼制作允许偏差

项目	允许偏差（mm）	检查频率		检查方法
		范围	点数	
长度	±50	每幅	3	尺量
宽度	±20		3	尺量
厚度	—10		4	尺量
主筋间距	±10		4	在任何一个断面连续量取主筋间距（1m范围内），取其平均值作为一点
两排受力筋间距	±10		4	尺量
预埋件中心位置	<20		4	抽查
同一截面受拉钢筋接头截面积占钢筋总面积	≤50%			观察

11. 现浇地下连续墙混凝土通常采用导管法连续浇筑。

1）导管接缝密闭，导管前端应设置隔水栓，可防止泥浆进入导管，保证混凝土浇筑质量。

2）导管间距过大或导管处混凝土表面高差太大易造成槽段端部和两根导管之间的混凝土面低下，泥浆易卷入墙体混凝土中。使用的隔水栓应有良好的隔水性能，并应保证顺利排出；隔水栓宜采用球胆式与桩身混凝土强度等级相同的细石混凝土制作。

3）在4h内浇筑混凝土，主要是为了避免槽壁坍塌或降低钢筋握裹力。

4）水下灌注的混凝土的实际强度会比混凝土标准试块的强度等级低，为使墙身的实际强度达到设计要求，当墙身强度等级较低时，一般采用提高一级混凝土强度等级进行配制。但当墙身强度等级较高时，按提高一级配制混凝土尚显不足，所以在无试验依据的情况下，水下混凝土配制的标注试块强度等级应比设计墙身强度等级有所提高，提高等级可参照表3-9。

表3-9 混凝土设计强度等级对照表

混凝土设计强度等级	C 25	C 30	C 35	C 40	C 45	C 50
水下混凝土配制强度等级	C 30	C 35	C 40	C 50	C 55	C 60

5）采用导管法浇筑混凝土时，如果导管埋入深度太浅，可能使混凝土浇筑面上面的被泥浆污染的混凝土卷入墙体内；当埋入过深时，又会使混凝土在导管内流动不畅，在某些情况下还会产生钢筋笼上浮的现象。根据以往施工经验，规定导管的埋入深度为2～4m。

6）为了保证混凝土有较好的流动性，需控制好浇筑速度，在浇筑混凝土时，顶面往往存在一层浮浆，硬化后需凿除，为此，混凝土需超高 300～500mm，以便将设计标高以上的浮浆层用风镐凿除。

12. 废浆、废水处理：

在每个施工点设置一座由制浆机、旋流器、振动筛和泥浆罐组成的泥浆处理系统，泥浆的制备、贮存、输送、循环、分离等均由泥浆处理系统完成。此外，在现场修建存土坑和泥浆沉淀池及污水池等，保证泥浆不落地，以减少对环境的污染。经检查不能再生的泥浆和混凝土浇筑置换出的劣质泥浆，经沉淀池、旋流器、振动筛分离处理后，用泥浆罐车将固化物运至指定地点废弃，施工污水经沉淀、物理化学处理，达到排放标准后，排入污水管道。

第二节　锚　　杆

1. 锚杆施工工艺流程

锚杆施工主要施工环节见图 3-9。

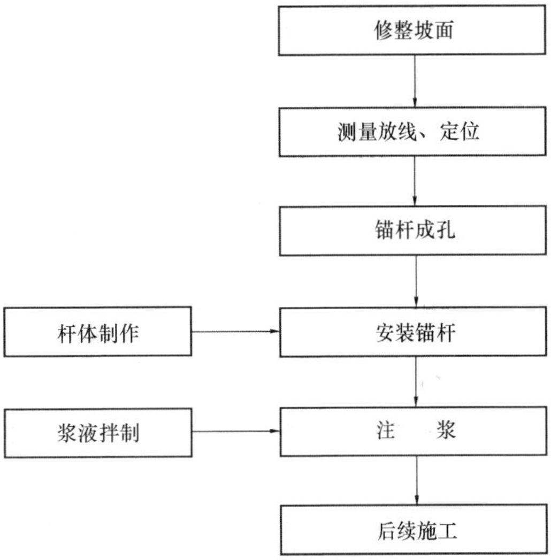

2. 预应力锚杆

1）一般规定

（1）锚杆工程施工前，应根据锚固工程的设计条件、现场地层条件和环境条件，编制出能确保安全及有利于环保的施工组织设计。

（2）施工前应认真检查原材料和施工设备的主要技术性能是否符合设计要求。

（3）在裂隙发育以及富含地下水的岩层中进行锚杆施工时，应对钻孔周边孔壁进行渗水试验。当向钻孔内注入 0.2～0.4MPa 压力水 10min 后，锚固段钻孔周边渗水率超过 $0.01m^3/min$ 时，应采用固结注浆或其他方法处理。

（4）对锚固区段的位置和岩土分层厚度进行验证。

图 3-9　锚杆施工主要施工环节

（5）不同的岩土条件，应选用不同的钻机和钻孔方法。

（6）优先采用无水钻孔法，其次采用清水钻孔法，最后采用泥浆护壁钻孔法。

（7）清水钻孔法和泥浆护壁钻孔法要求用清水充分清洗孔壁。

（8）若地下水从钻孔内流出，可采取注浆堵水，防止锚固段浆液流失。

（9）判断地层的透水强度。

（10）对于滑坡整治和斜坡稳定的工程，采用固结灌浆改良地层或无水钻孔法。

2）钻孔

锚杆钻孔应符合下列规定：

（1）钻孔应按设计图所示位置、孔径、长度和方向进行，并应选择对钻孔周边地层扰动小的施工方法。

（2）钻孔应保持直线和设定的方位。

（3）向钻孔安放锚杆杆体前，应将孔内岩粉和土屑清洗干净。

（4）在不稳定土层中，或地层受扰动导致水土流失，危及邻近建筑物或公用设施的稳定时，宜采用套管护壁钻孔。

（5）在土层中安设的荷载分散型锚杆和可重复高压注浆型锚杆宜采用套管护壁钻孔。

（6）钻孔精度视结构物的重要程度和使用目的有所不同。

《岩土锚杆（索）技术规程》（CECS 22—2005）规定：钻孔水平方向孔距误差≤50mm；垂直方向孔距误差≤100mm；钻孔底部的偏斜尺度≤锚杆长度的3%。

3）杆体

（1）杆体的组装和保管应符合下列规定：

① 杆体组装宜在工厂或施工现场专门作业棚内的台架上进行。

② 杆体应按设计图所示的形状、尺寸和构造要求进行组装，居中隔离架的间距不宜大于2.0m；杆体自由段应设置隔离套管，杆体处露于结构物或岩土体表面的长度应满足地梁、腰梁、台座尺寸及张拉锁定的要求。

③ 荷载分散型锚杆杆体结构组装时，应对各单元锚杆的外露端做出明显的标记。

④ 在杆体的组装、存放、搬运过程中，应防止筋体锈蚀、防护体系损伤、泥土或油渍的附着和过大的残余变形。

（2）杆体的安放应符合下列要求：

① 根据设计要求的杆体设计长度向钻孔内插入杆体。

② 杆体正确安放就位至注浆浆体硬化前，不得被晃动。

③ 杆体与注浆管同时插入钻孔底部。

④ 对于土层锚杆，要求钻孔完成后立即插入杆体。

⑤ 锚杆有支架一面向下。

⑥ 若钻孔使用套管，则在插入杆体灌浆后再拔出套管。

⑦ 小口径锚杆孔，要求灌浆后再插入杆体。

⑧ 两根以上杆体，应间隔2～3m点焊成束。

4）注浆

（1）注浆设备与工艺应符合下列规定：

① 注浆设备应具有1h内完成单根锚杆连续注浆的能力。

② 对下倾的钻孔注浆时，注浆管应插入距孔底300～500mm处。

③ 对上倾的钻孔注浆时，应在孔口设置密封装置，并应将排气管内端设于孔底。

（2）注浆液的制备应符合下列规定：

① 注浆材料应根据设计要求确定，并不得对杆体产生不良影响，对锚杆孔的首次注浆，宜选用水灰比为0.5～0.55的纯水泥浆或灰砂比为1：0.5～1：1的水泥砂浆，对改善注浆材料有特殊要求时，可加入一定量的外加剂或外残料。

② 注入水泥砂浆浆液中的砂子直径不应大于2mm；浆液应搅拌均匀，随搅随用，浆液应在初凝前用完。

（3）采用密封装置和袖阀管的可重复高压注浆型锚杆的注浆还应遵守下列规定：

① 重复注浆材料宜选用水灰比为 0.45～0.55 的纯水泥浆。

② 对密封装置的注浆应待初次注浆孔口溢出浆液后进行，注浆压力不宜低于 2.0MPa。

③ 一次注浆结束后，应将注浆管、注浆枪和注浆套管清洗干净。

④ 对锚固体的重复高压注浆应在初次注浆的水泥结石体强度达到 5.0MPa 后，分段依次由锚固段底端向前端实施，重复高压注浆的劈开压力不宜低于 2.5MPa。

（4）锚固孔注浆操作如下：

① 对锚孔用风吹干净，排尽孔内残渣。

② 将组装好的杆体（包括注浆管）平顺、缓缓推送至孔底。

③ 从注浆管注入拌和好的水泥浆。

④ 注浆浆液应搅拌均匀，随搅随用，浆液在初凝前用完，并严防石块、杂物混入浆液。

⑥ 注浆作业开始和中途停止较长时间，再作业时宜用水或稀水泥润滑注浆泵及注浆管线。

⑦ 孔口溢出浆液时，可停止注浆。

⑧ 浆体硬化后不能充满锚固体时，及时进行补浆。

⑨ 注浆做好严格记录。

5）张拉与锁定

（1）锚杆的张拉和锁定应符合下列规定：

① 锚杆锚头处的锚固作业应使其满足锚杆预应力的要求。

② 锚杆张拉时注浆体与台座混凝土的抗压强度值不应小于表 3-10 中的规定。

表 3-10　锚杆张拉时注浆体与台座混凝土的抗压强度值

锚杆类型		抗压强度值	
		注浆体	台座混凝土
土层锚杆	拉力型	15	20
	压力型和压力分散型	25	20
岩石锚杆	拉力型	25	25
	压力型和压力分散型	30	25

③ 锚头台座的承压面应平整，并与锚杆轴线方向垂直。

④ 锚杆张拉应有序进行，张拉顺序应防止邻近锚杆的相互影响。

⑤ 张拉用的设备、仪表应事先进行标定。

⑥ 锚杆进行正式张拉前，应取 0.1～0.2 的拉力设计值，对锚杆预张拉 1～2 次，使杆体完全平直，各部位的接触应紧密。

⑦ 锚杆的张拉荷载与变形应做好记录。

⑧ 应以 50～100kN/min 的速率加荷至锁定荷载值锁定。锁定时，张拉荷载应考虑锚杆张拉作业时预应力筋内缩变形、自由段预应力筋的摩擦引起的预应力损失的影响。

（2）荷载分散型锚杆的张拉锁定应遵守下列规定：

当锁定荷载等于锚杆拉力设计值时，宜采用并联千斤顶组对各单元锚杆实施等荷载张拉并锁定；当锁定荷载小于锚杆拉力设计值时，也可采用由钻孔底端向顶端逐次对各单元锚杆张拉后锁定，分次张拉的荷载值的确定，应满足锚杆承受拉力设计值条件下各预应力筋受力均等的原则。

3. 低预应力锚杆和非预应力锚杆

1）钻孔应按设计图所示的位置、孔径、长度和方位进行，并不得破坏周边地层。

2）低预应力或非预应力锚杆的杆体制作与安放应符合下列规定：

（1）严格按设计要求制备杆体、垫板、螺母等锚杆部件，除摩擦型锚杆外，杆体上应附有居中隔离架，间距不应大于 2.0m；低预应力锚杆与非预应力锚杆结构构造见图 3-10。

（2）锚杆杆体放入孔内或注浆前，应清除孔内岩粉、土屑和积水。锚杆杆体注浆见图 3-11。

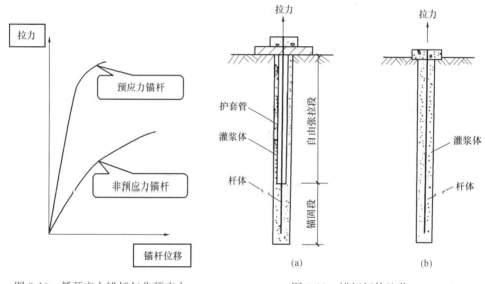

图 3-10　低预应力锚杆与非预应力
　　　　　锚杆结构构造比较

图 3-11　锚杆杆体注浆

3）低预应力或非预应力锚杆注浆尚应符合下列规定：

（1）根据锚孔部位和方位，可先注浆后插杆或先插杆后注浆。

（2）先注浆后插杆时，注浆管应插入孔底，然后拔出 50～100mm 开始注浆，注浆管随浆液的注入缓慢匀速拔出，使孔内填满浆液。

（3）对仰斜孔先插杆后注浆时，应在孔口设置止浆器及排气管，待排气管或中空锚杆空腔出浆时方可停止注浆。

（4）当遇塌孔或孔壁变形，注浆管插不到孔底时，应对锚杆孔进行处理或择位补打锚孔。

（5）自钻式锚杆宜采用边钻边注水泥浆工艺，直至钻至设计深度。

4）锚杆安装后，在注浆体强度达到 70%设计强度前，不得敲击、碰撞或牵拉。

4. 喷射混凝土

1）施工设备

（1）干拌法喷射混凝土机的性能应符合下列要求：

① 密封性能应良好，输料应连续均匀；

② 生产能力（混合料）应为 $3\sim5m^3/h$，允许输送的骨料最大粒径应为 20mm；

③ 输送距离（混合料）水平不应小于 100m，垂直不应小于 30m。

（2）湿拌法喷射混凝土机的性能应符合下列要求：

① 密封性能良好，输料应连续均匀；

② 生产率应大于 $5m^3/h$，允许输送的骨料最大粒径应为 15mm；

③ 混凝土输送距离水平不应小于 30m，垂直不应小于 20m；

④ 机旁粉尘应小于 $10mg/m^3$。

（3）干拌法喷射混凝土用空气压缩机的供风量不应小于 $9m^3/min$；泵送型湿拌法喷射混凝土用空气压缩机的供风量不应小于 $4m^3/min$；风送型湿拌法喷射混凝土机的供风量不应小于 $12m^3/min$；空气压缩机应具有完善的油水分离系统，压缩空气出口温度不应大于 40℃。

（4）输料管应能承受 0.8MPa 以上的压力，并应有良好的耐磨性能。

（5）干拌法喷射混凝土施工供水设施应满足喷头处的水压不小于 0.15MPa。

2）混凝土搅拌

（1）混合料搅拌前，应符合混合料配合比对各种原材料严格称重并应满足表 3-11 的要求。

表 3-11　原材料允许偏差

名称	允许偏差
胶凝材料、外加剂、钢纤维	2%（质量）
骨料	3%（质量）
钢纤维	5%（长度）

（2）混合料应采用机械搅拌，所采用的材料应拌和均匀，搅拌时间不得少于 120s，湿拌混合料的搅拌宜在工厂或现场专门的混凝土搅拌站完成。

（3）掺入钢纤维的混合料，钢纤维应分布均匀，不得成团，宜采用黏结成排的钢纤维。

3）喷射作业

（1）喷射作业现场应做好下列准备工作：

① 拆除作业面障碍物，清除开挖面的浮石、泥浆、回弹物及岩渣堆积物；

② 埋设控制喷射混凝土厚度的标志（厚度控制钉、喷射线）；

③ 喷射机司机与喷射手不能直接联系时，应配备联络装置；

④ 作业区应有良好的通风和足够的照明装置；

⑤ 喷射作业前应对机械设备、风水管路、输料管路和电缆线路等进行全面的检查及试运转。

（2）受喷面有滴水淋水时喷射前应按下列方法做好治水工作：

① 有明显的出水点时可埋设导管排水；

② 导水效果不好的含水岩层可设盲沟排水；

③ 竖井淋帮水可设截水圈排水；

④ 采用湿拌法喷射时宜备有液态速凝剂，并应检查速凝剂的泵送及计量装置性能。

（3）喷射作业应符合下列规定：

① 喷射作业应分段分片进行，喷射顺序应由上而下；

② 对受喷岩面应用压力水预先湿润，对遇水易潮解的岩层，可用压力风清除岩面的松石、浮渣和尘埃；

③ 在大面积喷射作业前应先对岩面上出露的空洞、凹穴和较宽的张开裂隙进行喷射混凝土充填；

④ 喷嘴指向与受喷面应保持 90°夹角；

⑤ 喷嘴与受喷面的最佳距离一般为 0.8～1.2m；

⑥ 素喷混凝土一次喷射厚度应符合表 3-12 的规定；

表 3-12　素喷混凝土一次喷射厚度（mm）

喷射方法	部位	掺速凝剂	不掺速凝剂
干拌法	边墙	70～100	50～70
	拱部	50～60	30～40
湿拌法	边墙	80～150	—
	拱部	60～100	—

⑦ 分层喷射时，后层喷射应在前层混凝土终凝后进行，若终凝 1h 后进行喷射，则应先用风水清洗喷层表面；

⑧ 喷射作业紧跟开挖工作面时，下一循环爆破作业应在混凝土终凝 3h 后进行。

（4）施工喷射混凝土面层的环境条件应符合下列要求：

① 在强风条件下不宜进行喷射作业，或应采取防护措施；

② 永久性喷射混凝土喷射作业宜避开炎热天气，适宜喷射作业的环境温度与喷射混凝土表面蒸发量应符合表 3-13 的要求。

表 3-13　环境温度与喷射混凝土表面蒸发量

项目	容许范围
环境温度	5～35℃
混合料温度	10～30℃
喷层表面蒸发量	<1.0kg/(m² · h)

（5）喷射混凝土混合料拌制后至喷射的最长间隔时间应符合表 3-14 的规定。

表 3-14　混合料拌制后至喷射的最长间隔时间

拌制方法	拌制时混合料中有无速凝剂	环境温度（℃）	喷射前混合料最长停放时间（min）
湿拌	无	5～30	120
	无	>30～35	60
干拌	有	5～30	20
	无	5～30	90
	有	>30～35	10
	无	>30～35	45

（6）在喷射过程中，应对分层、蜂窝、疏松、空隙或砂囊等缺陷进行铲除和修复处理。

（7）喷射混凝土养护应符合下列规定：

① 宜采用喷水养护，也可采用薄膜覆盖养护。喷水养护应在喷射混凝土终凝后 2h 进行，养护时间不应少于 5d；

② 气温低于 5℃时不得喷水养护。

（8）喷射混凝土冬期施工应符合下列规定：

① 喷射作业区的气温不应低于 5℃；

② 混合料进入喷射机的温度不应低于 5℃；

③ 喷射混凝土强度在下列情况时不得受冻：用普通硅酸盐水泥配制的喷射混凝土强度低于设计强度的 30％时；用矿渣水泥配制的喷射混凝土强度低于设计强度的 40％时；

④ 不得在冻结面上喷射混凝土，也不宜在受喷面温度低于 2℃时喷射混凝土；

⑤ 喷射混凝土冬期施工的防寒保护可采用毯子或在封闭的帐篷内加温等措施。

（9）钢筋网喷射混凝土施工应符合下列规定：

① 钢筋使用前应清除污锈；

② 钢筋网宜在受喷面喷射一层混凝土后铺设，钢筋与壁面的间隙宜为 30mm；

③ 采用双层钢筋网时，第二层钢筋网应在第一层钢筋网被混凝土覆盖后铺设；

④ 钢筋网应与锚杆或其他锚定装置连接牢固，喷射时钢筋不得晃动；

⑤ 喷射时应适当减小喷头与受喷面的距离；

⑥ 清除脱落在钢筋网上的疏松混凝土。

（10）刚架喷射混凝土施工应符合下列规定：

① 安装前应检查刚架制作质量是否符合设计要求；

② 刚架安装允许偏差横向和纵向均应为 50mm，垂直度允许偏差应为±2°；

③ 刚架立柱埋入底板深度应符合设计要求，并不得置于浮渣上；

④ 刚架与壁面之间应搂紧，相邻钢架之间应连接牢靠；

⑤ 刚架与壁面之间的间隙应用喷射混凝土充填密实；

⑥ 喷射顺序为先喷射刚架与壁面之间的混凝土，后喷射刚架之间的混凝土；

⑦ 除可缩性刚架的可缩节点部位外，刚架应被喷射混凝土覆盖。

4）粉尘控制

（1）采用干法喷射混凝土施工时宜采取下列综合防尘措施：

① 在满足混合料能在管道内顺利输送和喷射的条件下增加骨料含水率；

② 在距喷头 3～4m 输料管处增加一个水环，用双水环加水；

③ 在喷射机或混合料搅拌处设置集尘器或除尘器；

④ 在粉尘浓度较高地段设置雾炮降尘；

⑤ 加强作业区的局部通风；

⑥ 采用增黏剂等外加剂。

（2）喷射混凝土作业区的粉尘浓度不应大于 10mg/m，喷射混凝土作业人员应采用个体防尘用具。

5. 不同部位锚固支护施工

1）隧道与地下工程锚喷支护

（1）隧洞洞室的开挖应有利于充分保护围岩的完整性，减少对围岩的扰动与破坏。分期开挖应减少洞室之间的相互干扰和扰动。

（2）隧洞洞室开挖方案应与锚喷支护方式协调配套，锚喷支护施工应采用有利于缩小岩体裸露面积和缩短岩体裸露时间的施工程序和方法。

（3）隧洞洞室设计轮廓面的开挖应采用光面爆破或预裂爆破技术，主要钻爆参数应通过试验确定，并按施工中的爆破效果及时优化调整。

（4）对下列情况的隧洞洞室开挖与锚喷支护施工应符合下列规定：

① 土体及不良地质地段或Ⅳ～Ⅴ级围岩中的隧洞洞室，开挖前宜采用必要的"超前灌浆"和"超前支护"措施，开挖时应采用"短进尺、强支护"和边挖边护的方法施工；

② 在地下水出露较丰的地层中开挖隧洞洞室，事先应做好地下水整治工作。

（5）大型洞室（群）的开挖应符合下列规定：

① 应采用自上而下分层开挖的方法，分层开挖高度宜为6～8m，不宜超过10m；对于高地应力区，应减少台阶的开挖高度；

② 顶部开挖宜采用先导洞后扩挖的方法，导洞的位置及尺寸可根据地质条件和施工方法确定，导洞开挖后应立即施作锚喷支护；

③ 中、下部岩体宜采用分层开挖，两侧预裂、中间拉槽的开挖爆破方式；

④ 当采用上下或两侧结合、中间预留岩埂的开挖方式时，应先做好上下或两侧已开挖部位围岩的锚喷支护措施，然后对预留岩埂采用分段边挖边支护的开挖方式，应避免岩埂应力集中释放导致洞室失稳或位置突变；

⑤ 平行布置的洞室，应按在时空上错开的原则开挖，采用对穿锚固时，相邻洞室的错开步距应有利于对穿锚固的及时施工；

⑥ 洞室交叉部位宜采用"小洞贯大洞，先洞后墙"的开挖方式。

（6）隧洞洞室开挖施工，应采取有效措施防止爆破对已开挖洞室围岩的锚喷支护结构造成振动损坏，其质点安全振动速度应经现场试验确定并予以控制。

2）边坡锚固工程施工

（1）一般规定

边坡锚固工程施工应根据相关设计图纸、文件、总体规划、施工环境、工程地质和水文地质条件，编制合理、可行、有效和确保施工安全的施工组织设计。

边坡工程的临时性排水设施应满足暴雨、地下水的排泄要求，有条件时宜结合边坡工程的永久性排水设施施工。排水设施应先行施工，避免雨水对边坡工程可能产生的不利影响。

边坡开挖施工，应做好坡顶锁口、坡底固脚工作。

（2）边坡爆破施工

岩石边坡开挖采用爆破施工时，应采取有效措施避免对边坡和坡顶建（构）筑物的爆破，质点振动速度应满足现行国家标准《爆破安全规程》（GB 6722—2014）的有关规定。

岩质边坡开挖应采用控制爆破。

边坡开挖爆破前，应做好爆破设计，并应事先做好对爆破影响区域内的建（构）筑物安全状态的调查检测和埋设监测爆破影响的测点。

对爆破危险区域内的建（构）筑物应采取安全防护措施。

（3）边坡锚杆施工

边坡锚杆钻孔应采用干钻。当边坡的岩土体稳定性较好时，经充分论证许可，方可采用带水钻进。

对严重破碎、易塌孔或存在空腔、洞穴的地层中钻孔，可先进行预灌浆处理，或采用跟管钻进成孔。

钻孔作业宜采用加强钻机固定、确保开孔精度、增加钻杆冲击器刚度和增设扶正器等方式，控制钻孔偏斜。

锚杆的杆体制备、钻孔、注浆和张拉锁定应遵守规范相关规定。

边坡锚杆的质量检查与验收标准应符合规范的相关规定。

（4）基坑锚固施工与检验

土钉及复合土钉支护施工应与降水、挖土等作业紧密协调、配合，并应满足下列要求：

① 挖土分层厚度与土钉竖向间距一致，每开挖一层施作一层土钉，禁止超挖；

② 及时封闭临空面，应在24h内完成土钉安设和喷射混凝土面层施工，软弱土层中，则应在12h内完成；

③ 每排土钉完成注浆后，应至少养护48h，待注浆体强度达到设计允许值时，预应力锚杆应张拉锁定后，方可开挖下一层土方；

④ 施工期间坡顶应按设计要求控制施工荷载。

钻孔注浆型钢筋土钉的施工应满足下列要求：

① 孔位误差应小于50mm，孔径不得小于设计值，倾角误差应小于2°，孔深不应小于土钉设计长度＋300mm；

② 钢筋土钉沿周边焊接对中支架，对中支架宜用直径6～8mm钢筋或厚度3～5mm扁铁弯成，其间距宜为1.5～2.5m；注浆管与钢筋土钉虚扎后同时插入钻孔底部；

③ 土钉注浆可采用水泥砂浆或水泥浆，水泥浆水灰比不宜大于0.5，注浆完成后孔口应及时封闭。

打入钢管型土钉应满足下列要求：

① 打入钢管型土钉应按设计要求钻设注浆孔和焊接倒刺，并应将钢管前端部加工成封闭式尖锥状；

② 土钉定位误差应小于50mm，打入深度误差应小于100mm，打入角度误差应小于2°；

③ 钢管内压注水泥浆液的水灰比宜为0.4～0.5，注浆压力大于0.6MPa，平均注浆量应满足设计要求。

钢筋网片施工应满足下列要求：

① 钢筋网片材料及施工工艺应符合规范要求；

② 钢筋网片与加强连系筋交接部位应绑扎或焊接牢固。

喷射混凝土面层施工应满足下列要求：

① 喷射混凝土材料及施工工艺应符合规范要求；

② 喷射混凝土应在终凝后洒水养护，冬期施工时应采取覆盖保温措施；

③ 雨期施工应保持坑边地表及坑底坡脚一定范围内的排水系统畅通；

④ 对施工完成的土钉、预应力锚杆及支护面层均应进行相关试验和质量检验；

⑤ 土钉与土间界面的极限粘结强度应经现场拉拔试验确认。当拉拔试验值与设计采用值差别较大时应对设计进行调整。对每种土层，土钉拉拔试验数量不宜小于 3 根。

（5）基础与混凝土坝锚杆的施工、试验与监测

基础与混凝土坝预应力锚杆的施工应符合下列规定：

① 锚杆孔偏斜值不应大于钻孔长度的 1%；

② 锚杆孔不得欠深，终孔深宜大于设计孔深 40～100cm；

③ 对承载力设计值大于 3000kN 的锚杆，按规范验收并被判定质量合格后，宜在加荷至锁定荷载的 60% 和 80% 时，分别持荷 2～5d，再张拉至 100% 锁定荷载；

④ 在间隔分布张拉锁定阶段，锚杆拉力暂时锁定后应立即对锚具、钢绞线涂抹防腐油脂并用柔性护罩防护；锚杆拉力最终锁定后应按设计要求安装镀锌钢罩，并应在钢罩内充满油脂；

⑤ 混凝土坝锚固工程应进行锚杆的基本试验；锚杆的多循环张拉验收试验数量不应少于锚杆总数的 10%，并不得少于 5 根；

⑥混凝土坝锚杆工程应进行锚杆拉力值变化的长期监测，监测锚杆的数量不应少于锚杆总数的 15%，并不得少于 5 根。

（6）抗浮锚杆的施工

抗浮锚杆宜在主体结构基础施工前进行施工，在地下水有效控制的情况下，也可在主体结构地下室内进行施工。

降水条件下，应避免抽水对锚杆注浆的不利影响，在所有锚杆张拉锁定完成前不应停止降水。

预应力抗浮锚杆张拉锁定应符合规范要求。

第三节　钻孔灌注桩排桩

1. 钻孔灌注桩施工工艺流程见图 3-12。

施工主要工序为场地准备、埋设护筒、制备泥浆、钻孔、清孔，钢筋笼入孔、灌注水下混凝土等。

2. 排桩在施工前应进行试成孔，试成孔数量应根据工程规模及施工场地地质情况确定，且不宜少于 2 个。

3. 桩孔净距过小或采用多台钻机同时施工时，相邻桩应间隔施工，完成浇筑混凝土的桩与邻桩间距不应小于 4 倍桩径，或间隔施工时间宜大于 36h。

4. 排桩顶应超灌，超灌高度不应小于 500mm，设计桩顶标高接近地面时桩顶混凝土超灌应充分，凿去浮浆后桩顶身混凝土强度等级应满足设计要求。水下灌注混凝土时混凝土强度应比设计桩身强度提高等级进行配制。

5. 灌注桩排桩外侧隔水帷幕应符合下列要求：

1）隔水帷幕宜采用高压旋喷桩、三轴水泥搅拌桩。采用咬合桩设计的钻孔灌注桩，

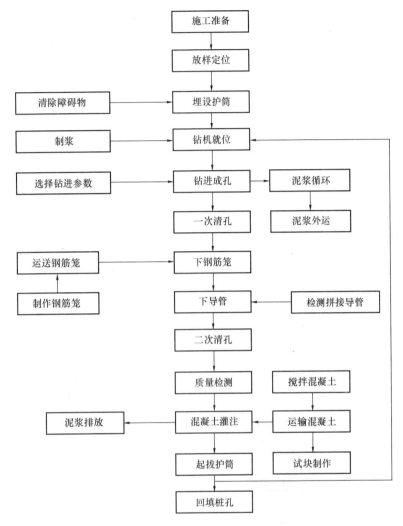

图 3-12　钻孔灌注桩主要施工环节

基本桩即为隔水帷幕，无须另外施工隔水帷幕。

2）隔水帷幕与灌注桩排桩间净距不宜大于 200mm。

双轴水泥搅拌桩搭接长度不应小于 200mm，三轴水泥搅拌桩应采用套孔法施工。

3）遇明（暗）浜时，宜适当提高隔水帷幕水泥掺量比 3%～5%。

6. 特殊情况下采用高压旋喷桩作为局部止水帷幕时，应符合下列要求：

1）应先施工灌注桩，再施工高压旋喷桩。

2）旋喷桩采用复喷工艺，每立方米水泥掺入量不应小于 450kg，旋喷桩喷浆下沉及提升速度不大于 10cm/min。

3）桩与桩之间搭接长度不应小于 300mm，垂直度偏差不应大于 1/150。

7. 对灌注桩桩身范围内存在较厚的粉性土、砂土层时，灌注桩施工应符合下列要求：

1）宜适当提高泥浆相对密度与黏度，必要时采用膨润土泥浆护壁。

2）砂性严重的土层，灌注桩应采用套打工艺，先施工止水帷幕，对土体加固后再进行排桩施工。

8. 咬合桩应符合以下要求：

1）咬合桩利用相邻混凝土间的排桩部分圆周相嵌，并于后序次相间施工的桩内置入钢筋笼，使之形成具有良好防渗作用的连续式挡土围护结构。

2）咬合桩对抗拔桩垂直度要求较高，成孔前，应按设计要求施工钢筋混凝土导墙，导墙长根据桩径和桩间距设计。

3）咬合桩分有筋桩（荤桩）和无筋桩（素桩），先施工素桩，后施工荤桩。荤桩成孔时，要严格控制垂直度与切割桩的时机。素桩施工与常规钻孔灌注桩相似，荤桩应以套管切割为主，旋挖钻或抓斗取土为辅。

4）施工流程：套管钻进对中→吊装安放第一节套管→测桩垂直度→压入第一节套管→校对垂直度→旋挖钻或抓斗取土→管钻进→测量孔深→清除沉渣→吊装荤桩钢筋→灌注混凝土逐次拔套→成桩。

9. 对非均匀配筋的钢筋笼吊放安装时，应保证钢筋笼的安放方向与设计方向一致。

第四节 土 钉

1. 土钉施工工艺流程见图 3-13。

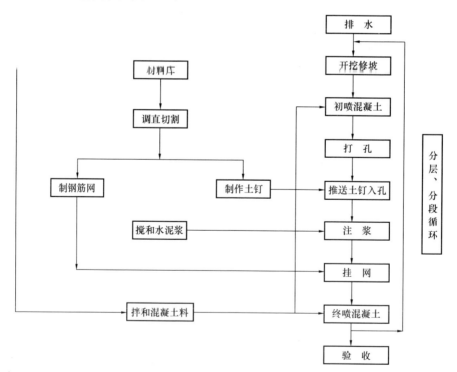

图 3-13 土钉主要施工环节

2. 土钉墙中的土钉和复合土钉墙支护中的锚杆不应超出建设用地红线范围。

3. 土钉支护施工应配合挖土、降水等作业，并应符合下列要求：

1）挖土分层厚度应与土钉竖向间距一致，逐层开挖并施工土钉，禁止超挖。

2）开挖后应及时封闭临空面，应在24h内完成土钉安设和喷射混凝土面层；在淤泥质地层中开挖时，应在12h内完成土钉安设和喷射混凝土面层。

3）上一层土钉完成注浆后，应至少间隔48h方可允许开挖下一层土方。

4）施工期间坡顶应严格按照设计要求控制施工荷载。

5）土钉支护应设置排水沟、集水坑等用于地表和基坑排水。坑内排水沟离边壁宜大于1m；排水沟和集水坑宜用砖砌并用砂浆抹面，坑中集水应及时抽排。

6）支护面层应视开挖土层含水情况设置必要的泄水孔。

4.成孔注浆型钢筋土钉施工应符合下列要求：

1）采用人工凿孔（$l<6m$）或机械钻孔（$l\geqslant 6m$）时，孔径和倾角应符合设计要求；孔位误差应小于50mm，孔径误差应小于$\pm 2°$，孔深可比土钉长300mm。

2）钢筋土钉应沿周边焊接居中支架，居中支架宜用6~8mm钢筋或厚度3~5mm扁铁弯成；注浆管与钢筋土钉虚扎，并同时插入钻孔，注浆完成后注浆管可回收再利用。

3）应采用两次注浆工艺，第一次灌注水泥砂浆，灌注量不应小于钻孔体积的1.2倍。第一次注浆初凝后，方可进行第二次注浆。第二次压注纯水泥浆，注浆量为第一次注浆量的30%~40%，注浆压力为0.4~0.6MPa，浆液配合比应符合表3-15的要求。

表3-15 成孔注浆型钢筋土钉注浆浆液配合比

注浆次序	浆液	普通硅酸盐水泥	水	砂（粒径<0.5mm）	早强剂
第一次	水泥砂浆	1	0.5	0.3	0.035
第二次	水泥浆			—	

4）注浆完成后孔口应及时封闭。

5.击入式钢管土钉施工应符合下列要求：

1）钢管击入前，应按设计要求钻设注浆孔和焊接倒刺，并将钢管头部加工成尖锥状并封闭。

2）钢管击入时，土钉定位误差应小于20mm，击入深度误差应小于100mm，击入角度误差应小于$\pm 1.5°$。

3）从钢管空腔内向土层压注水泥浆液时，注浆压力不应小于0.6MPa，注浆量应满足设计要求。注浆顺序宜从管底向外分段进行，最后封孔。

6.钢筋网的铺设应符合下列规定：

1）钢筋网宜在喷射一层混凝土后铺设，钢筋与坡面的间隙不宜小于20mm。

2）采用双层钢筋网时，第二层钢筋网应在第一层钢筋网被混凝土覆盖后铺设。

3）钢筋网片应固定在土钉头部，并与水泥土搅拌桩、旋喷桩保持30~50mm间隙。

4）钢筋网宜焊接或绑扎，钢筋网格允许误差$\pm 10mm$，钢筋网搭接长度不应小于300mm，焊接长度不应小于网筋直径的10倍。

5）网片与加强连系钢筋交接部位应绑扎或焊接。

7.喷射混凝土施工应遵守下列规定：

1）应优先选用湿喷工艺，采用干喷工艺时应采取降低粉尘的措施。

2）喷射混凝土作业应分段分片依次进行，同一分段内喷射顺序应自下而上，一次喷射厚度不宜小于40mm且不宜大于120mm。

3）喷射时，喷头与受喷面应垂直，距离宜为 0.6～1.5m。

4）喷射混凝土终凝 2h 后，应喷水养护。

8. 复合土钉墙支护施工应符合下列要求：

1）作为隔水帷幕的水泥土搅拌桩，相互搭接长度不应小于 200mm，桩位偏差应小于 50mm，垂直度误差应小于 1/100，各施工参数及施工要点应符合规范要求。

2）超前型钢宜先于土方开挖支设并宜压入或打入，当需采用预钻孔埋设超前钢管时，预钻孔径一般比钢管直径大 50～100mm，钢管底部一定范围内应开注浆孔并灌注水泥浆。

第五节　内支撑

1. 基坑内支撑施工一般工艺流程：施工围护桩、格构立柱（含立柱桩）、工程桩、止水帷幕→坑内土方开挖至第一道内支撑底标高→施工第一道内支撑构件→开挖至第二道内支撑底标高→施工第二道内支撑构件→开挖至底板标高→浇筑底板→换撑→浇筑侧墙→拆除上一道支撑。多层支撑依此类推，形成换撑传力带后方可拆除上一道支撑。

2. 内支撑系统包括冠梁、围檩、钢支撑、角撑及立柱桩。支撑系统的施工与拆除顺序，应与支护结构的设计工况一致，应严格遵守先撑后挖的原则；立柱穿过主体结构底板以及支撑结构穿越主体结构地下室外墙的部位应采取止水构造措施。

3. 围檩施工前应凿除围檩处围护墙体表面泥浆、混凝土松软层、突出墙面的混凝土。围檩要求具有较好的自身刚度和较小的垂直位移，首道支撑的围檩应尽量兼作围护墙的圈梁。必要时可将围护墙墙顶标高落低，如首道支撑体系的围檩不能兼作圈梁时，应另外设置围护墙顶圈梁。支撑与围檩体系中的主撑构件长细比不宜大于 75；连系构件的长细比不宜大于 120。

4. 混凝土支撑的施工应符合下列要求：

1）冠梁施工前应清除围护墙体顶部泛浆。

2）支撑底模应具有一定的强度、刚度、稳定性，采用混凝土垫层作底模时，应有隔离措施，挖土时应及时清除。

3）围檩与支撑宜整体浇筑，超长支撑杆件宜分段浇筑养护。

4）混凝土支撑应达到设计强度的 70% 后方可进行下面土方的开挖。

5）混凝土支撑采用爆破方法拆除时，对周围环境（包括震动、噪声和城市交通等）有一定的影响，爆破后的清理工作量很大，支撑材料不能重复利用。

5. 钢支撑的施工应符合下列要求：

1）支撑端头应设置封头端板，端板与支撑杆件应满焊。

2）钢围檩与围护墙体之间的空隙应填充密实；采用无围檩的钢支撑系统时，钢支撑与围护墙体的连接应可靠牢固。

3）支撑安装完毕后，应及时检查各节点的连接状况，经确认符合要求后方可施加预压力；预压力应均匀、对称、分级施加。

4）预应力施加过程中应检查支撑连接节点，必要时应对支撑节点进行加固；预应力施加完毕后应在额定压力稳定后予以锁定。

5）主撑端部的八字撑可在主撑预应力施加完毕后安装。

6）钢支撑使用过程应定期进行预应力监测，必要时，应对预应力损失进行补偿。

6. 立柱的施工应符合下列要求：

1）立柱的制作、运输、堆放应采取控制平直度的技术措施。

2）立柱宜采取控制定位、垂直度和转向偏差的技术措施。

3）立柱采用钻孔灌注桩时，宜先安装立柱，再浇筑桩身混凝土；立柱桩采用水泥土搅拌桩的，应在水泥土搅拌桩完成后及时安装立柱。

4）基坑开挖前，立柱周边的桩孔应均匀回填密实。

7. 地下永久结构的竖向构件与支撑立柱相结合时，立柱和立柱桩的施工除满足上述条件外，尚应符合下列要求：

1）立柱在施工过程中应采用专用装置进行定位、垂直度和转向偏差控制。

2）钢管立柱内的混凝土应与立柱桩的混凝土连续浇筑完成；钢管立柱内的混凝土与立柱桩的混凝土采用不同强度等级时，施工时应控制其交界面处于低强度等级混凝土一侧；钢管立柱外部混凝土的上升高度应满足立柱桩混凝土的泛浆高度要求。

3）立柱桩采用桩端后注浆施工的，注浆管应沿桩周均匀布置且伸出桩端 $200 \sim 500\mathrm{mm}$；注浆宜在成桩 48h 后进行；终止注浆应符合设计要求。

4）立柱外包混凝土结构浇筑前，应对立柱表面进行处理；浇筑时应确保柱顶梁底混凝土浇筑密实。

8. 角撑施工应符合以下要求：

1）角撑主要用于基坑阴角处，用于维持基坑角隅处稳定，防止应力集中。

2）角撑的材质与尺寸应符合设计要求。

3）当角撑为钢筋混凝土材质时，可利用基坑内土上铺木模板为底模，强度达到设计要求时方可拆模。

4）当角撑为钢板材质时，钢板边与围檩应紧密贴合并满焊。

9. 深基坑内支撑施工注意事项：

1）内支撑及压顶梁按钢筋混凝土施工规范施工。

2）钻孔桩锚固钢筋应与压顶梁钢筋采用焊接，其余内支撑主筋也进行焊接，斜梁及支撑与压顶冠梁的位置加密箍。

3）由于部分跨度大，支撑梁中设支承柱，在浇筑底板时应留出后浇部分并加止水钢板。

4）加强保湿养护，支撑梁应达到80％强度后方可进行土方开挖。

10. 支撑拆除应在可靠换撑形成并达到设计要求后进行，且应符合下列要求：

1）钢筋混凝土支撑拆除可采用机械拆除、爆破拆除。

2）支撑拆除时应设置安全可靠的防护措施和作业空间，并应对永久结构采取保护措施。

3）钢筋混凝土支撑的拆除，应根据支撑结构特点、永久结构施工顺序、现场平面布置等确定拆除顺序。

4）采用机械拆除时可用电动机带动金刚石绳锯切割，吊机辅助悬挂的方法，将钢筋混凝土支撑切割成方便吊装的小块体，由吊机整块吊出，拆除效率高，满足城市噪声与安全控制要求。

5）钢筋混凝土支撑采用爆破拆除的，应严格按照方案施工，爆破孔宜在钢筋混凝土支撑施工时预留，支撑与围护结构或主体结构相连的区域宜先行切断，再进行爆破。

11. 内支撑体系的计算

作用于内支撑上的荷载主要由以下几部分构成：

水平荷载：主要有围护墙体将坑外水土压力沿腰梁作用于支撑系统上的分布力，钢支撑还存在预加轴力以及温度变化等引起的水平荷载；

垂直荷载：主要有支撑自重以及支撑顶面的施工活荷载。

1）水平支撑结构的计算：对于水平支撑结构的内力和变形，目前采用的计算方法主要有多跨连续梁法和平面框架法。

2）立柱的计算：一般情况下，竖向立柱可按偏心受压构件或中心受压构件计算。

第六节 高压喷射注浆（旋喷桩）

1. 高压喷射注浆主要施工环节见图 3-14。

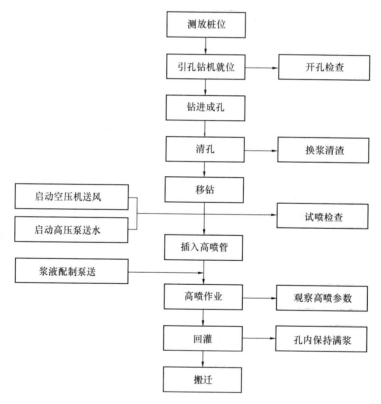

图 3-14 高压喷射注浆主要施工环节

高压喷射注浆过程见图 3-15。

2. 高压喷射注浆法，包括单管法（水泥浆）、双管法（水泥浆、空气）、三管法（水泥浆、空气、水），见表 3-16。高压喷射注浆法适用于处理淤泥、淤泥质土、流塑、软塑或可塑黏性土、粉土、砂土、黄土、素填土和碎石土等地基。当土中含有较多的大粒径块

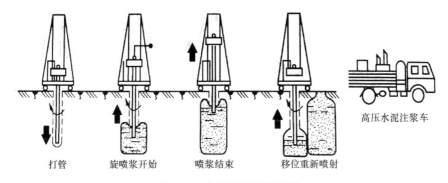

图 3-15　高压喷射注浆过程

石、大量植物根茎或有较高的有机质时，以及地下水流速过大和已涌水的工程，应根据现场试验结果确定其适用性。三种类型高压旋喷示意见图 3-16。

表 3-16　高压喷射注浆工艺类型对比

类型	介质	有效长度	喷射方式
单管法	水泥浆	最短	单轴
双管法	压缩空气、水泥浆	适中	同轴
三管法	高压水、压缩空气、低压水泥浆	最长	水与空气同轴

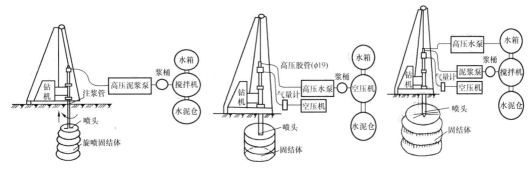

图 3-16　三种类型高压旋喷示意图

3. 高压喷射注浆法可用于既有建筑和新建建筑地基加固，深基坑、地铁等工程的土层加固或防水。

4. 高压喷射注浆法分旋喷、定喷和摆喷三种类别。根据工程需要和土质条件，可分别采用单管法、双管法和三管法。加固形式可分为柱状、壁状、条状和块状。高压旋喷注浆的三种形式见图 3-17。

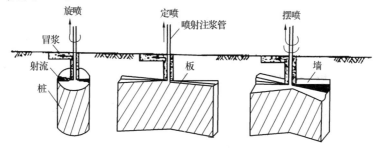

图 3-17　高压旋喷注浆的三种形式

5. 对既有建筑物，在制订高压喷射注浆方案时，应搜集有关的历史和现状、邻近建筑物和地下埋设物等资料。

6. 高压喷射注浆方案确定后，应结合工程情况进行现场试验、试验性施工或根据工程经验确定施工参数及工艺。

7. 施工前应根据现场环境和地下埋设物的位置等情况，复核高压喷射注浆的设计孔位，并根据设计要求进行工艺性试桩，数量不少于 2 根。

8. 高压喷射注浆的施工参数应根据土质条件、加固要求通过试验或根据工程经验确定，并在施工中严格加以控制。单管法及双管法的高压水泥浆和三管法高压水的压力应大于 20MPa，流量应大于 30L/min，气流压力宜大于 0.7MPa，提升速度宜为 0.1～0.2m/min，具体参数见表 3-17。

表 3-17　三管法高压喷射注浆施工主要技术参数

项目		技术参数
压缩空气	气压（MPa）	0.5～0.7
	气量（m³/min）	0.5～2.0
水	压力（MPa）	20～30
	流量（L/min）	80～120
	喷嘴直径（mm）	2～3.2
水泥浆	压力（MPa）	1～2
	流量（L/min）	100～150
水灰比		1：1～1.5：1
提升速度（cm/min）		7～14
旋转速度（r/min）		11～14

9. 高压喷射注浆的主要材料为水泥，对于无特殊要求的工程，宜采用强度等级为 42.5 级及以上的普通硅酸盐水泥。根据需要可加入适量的外加剂及掺合料。外加剂和掺合料的用量，应通过试验确定。

10. 水泥浆液的水灰比应按工程要求确定，可取 0.8～1.2，常用 1.0。

11. 高压喷射注浆的施工工序为机具就位、贯入喷射管、喷射注浆、拔管和冲洗等。

12. 钻机与高压注浆泵的距离不宜大于 50m。钻孔位置与设计位置的偏差不得大于 50mm，垂直度的允许偏差为 ±1%。实际孔位、孔深和每个钻孔内的地下障碍物、洞穴、涌水、漏水及与岩土工程勘察报告不符等情况均应详细记录。

13. 当喷射注浆管贯入土中，喷嘴达到设计标高时，即可喷射注浆。在喷射注浆参数达到规定值后，分别按旋喷、定喷或摆喷的工艺要求，提升喷射管，由下而上喷射注浆。喷射管分段提升的搭接长度不得小于 100mm。

14. 对需要局部扩大加固范围或提高强度的部位，可采取复喷措施。

15. 在高压喷射注浆过程中出现压力骤然下降、上升或冒浆异常时，应查明原因并及时采取措施。

16. 高压喷射注浆完毕，应迅速拔出喷射管。为防止浆液凝固收缩影响桩顶高程，必要时可在原孔位采取冒浆回填或第二次注浆等措施。

17. 当处理既有建筑地基或周边环境有保护要求时，应采用速凝浆液、隔孔喷射、冒浆回灌、放慢施工速度或具排泥装置的全方位高压旋喷技术（MJS工法）等措施，以防喷射过程中地基产生附加变形和地基与基础间出现脱空现象。同时，应对建筑物进行变形监测。

MJS工法利用专用挡泥钻杆，将喷射后的废弃泥浆回收，集中处理，通过调整返浆量，控制地内压力，控制喷射泥浆引起的地基隆起与下沉，有效控制施工时对相邻构筑物的影响。

使用MJS工法加固的优点：有效加固深度大，加固效果可靠，钻杆可水平、竖直、倾斜钻进加固，适用于主要建筑物隔离防护。

18. 高压旋喷注浆施工时，邻近施工影响区域不得进行抽水作业。

19. 施工中应做好泥浆处理，及时将泥浆运出或在现场短期堆放后做土方运出。

20. 施工中应严格按照施工参数和材料用量施工，并如实做好各项记录。

第七节　钢板桩与钢筋混凝土板桩

1. 主要施工环节

1）钢板桩主要施工环节：定位放线→开挖打桩沟槽→打设钢板桩→井点降水→开挖围檩支撑沟槽→安装钢围檩、钢支撑→基坑土方开挖、基础结构施工→回填土方→拆除钢支撑→拔钢板桩。

2）钢筋混凝土板桩主要施工环节：测量放线、设施工水准点→对板桩纵轴线范围上的障碍物进行探摸和清除→打桩机或打桩船定位→施打导向围檩桩→制作、搭设导向围檩→沉起始桩（定位桩）→插桩→送沉桩→搬迁导向围檩继续施工→对已沉好的桩进行夹桩→做好安全标志。

2. 邻近建（构）筑物及地下管线的板桩围护墙宜采用静力压桩法施工，并根据检测情况控制压桩速率。

3. 板桩可采用单桩打入、排桩打入、阶梯打入等方法，板桩最后闭合处采用屏风法沉桩。

4. 板桩打设前宜沿板桩两侧设置导架。导架应有一定的强度及刚度，不得随板桩打设而下沉或变形，施工时应经常观测导架的位置及标高。

5. 板桩打设宜采用振动锤，锤击时应在桩锤与板桩之间设置桩帽，打设时应重锤低击。

6. 板桩可采用单桩打入及屏风式打入法，最后闭合处宜采用屏风法打设。半封闭和全封闭的板桩，应根据板桩的规格和封闭段的长度计算板桩的块数。

7. 钢板桩施工应符合下列要求：

1）钢板桩的规格、材质与排列方式应符合设计或施工工艺的要求。钢板桩堆放场地应平整坚实，组合钢板桩堆高不宜超过3层。

2）钢板桩打入前应进行验收，桩体不应弯曲，锁口不应有缺损和变形；后续桩和先打桩间的钢板桩锁扣使用前应通过套锁检查。

3）桩身接头在同一截面内不应超过50%，接头焊缝质量应不低于Ⅱ级焊缝要求。

4）钢板桩拔出后的空隙应及时注浆充填密实。

8. 混凝土板桩施工应符合下列要求：

1）混凝土板桩构件强度达到设计强度的30％后方可拆模，达到设计强度的70％以上方可吊运，达到设计强度的100％后方可沉桩。

2）混凝土板桩打入前应对桩体外形、裂缝、尺寸等进行检查。

3）混凝土板桩的始桩应较一般桩长2～3m，转角处应设置转角桩，始桩和转角桩的桩尖应制成对称形式。

4）混凝土桩板间的凹凸榫应咬合紧密。

9. 板桩回收应在地下结构与板桩墙之间回填施工完成后进行。板桩在拔除前应先用振动锤振动钢板桩，拔出后的桩孔应及时采用注浆填充。

第八节　型钢水泥土搅拌桩

1. 型钢水泥土搅拌桩主要施工环节如图3-18所示。

2. 型钢水泥土搅拌桩施工前应通过成桩试验确定搅拌下沉和提升速度、水泥浆液水灰比等工艺参数及成桩工艺，成桩试验不宜少于2根。

3. 型钢水泥土搅拌桩可采用跳打方式、单侧挤压方式、先行钻孔套打方式的施工顺

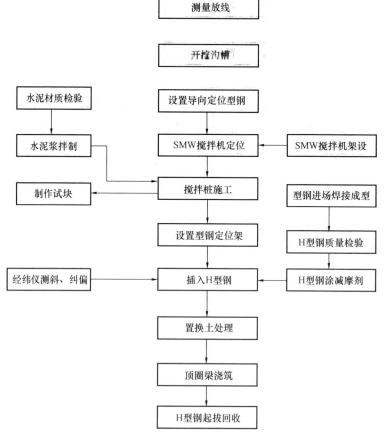

图3-18　型钢水泥土搅拌桩主要施工环节

序。当在硬质土层中成桩困难时,宜采用预先松动土层的先行钻孔套打方式施工。桩与桩的搭接时间间隔不宜超过 24h。

4. 对环境保护要求高的基坑,宜选择挤土量小的搅拌机头,并应通过监测结果调整施工参数。当邻近保护对象时,搅拌下沉速度宜控制在 $0.5\sim0.8\text{m/min}$ 范围内,提升速度宜小于 1m/min;喷浆压力不宜大于 0.8MPa。

5. 型钢宜在混凝土搅拌桩施工结束 30min 内完成,型钢宜依靠自重插入;相邻型钢焊接接头位置应相互错开,竖向错开距离不宜小于 1m。

6. 周边环境条件复杂、保护要求高的基坑工程,型钢不宜回收。对需回收的型钢工程,型钢拔出后留下的空隙应及时注浆填充,并应编制包括水泥浆液配合比、注浆工艺、拔除顺序等内容的专项方案。

7. 施工方法

1) SMW 工法主要通过三轴搅拌机以幅为单位,套孔搅拌水泥土插型钢形成围护结构。施工前应根据地质条件和周边环境条件、成桩深度、桩径等选用不同形式和不同功率的三轴搅拌桩机,与其配套的桩架性能参数应与搅拌机的成桩深度相匹配,钻杆及搅拌叶片构造应满足在成桩过程中水泥和土能充分搅拌的要求。

2) TRD 工法主要通过连续式链锯水泥土搅拌机在土层和砂砾石层中掺入水泥、连续成墙、插型钢而形成围护结构。其基本原理是利用链锯式刀具箱竖直插入地层中,然后做水平横向运动,同时由链条带动刀具做上下的回转运动,搅拌混合原土并灌入水泥浆,形成一定厚度的墙体,以取代目前常用的高压喷射灌浆、单轴和多轴水泥土搅拌桩组成的柱列式地下连续墙。其主要特点是成墙连续、表面平整、厚度一致、墙体均匀性好,主要应用在各类建筑工程、地下工程、护岸工程、大坝、堤防的基础加固、防渗处理等方面。

3) CSM 工法主要通过双轮铣搅拌机在土层和砂砾石层中掺入水泥、按幅成墙、插型钢而形成围护结构,是一种创新型深层搅拌施工方法。此工艺源于德国宝峨公司双轮切铣技术,是结合现有液压铣槽机和深层搅拌技术进行创新的岩土工程施工新技术。通过对施工现场原位土体与水泥浆进行搅拌,可以用于防渗墙、挡土墙、地基加固等工程。与其他深层搅拌工艺比较,CSM 工法对地层的适应性更高,可以切削坚硬地层(卵砾石地层、岩层)。

4) 水泥土搅拌桩机应符合以下规定:

(1) 搅拌驱动电机应具有工作电流显示功能;

(2) 应具有桩架垂直度调整功能;

(3) 主卷扬机应具有无级调速功能;

(4) 采用电机驱动的主卷扬机应有电机工作电流显示,采用液压驱动的主卷扬机应有油压显示;

(5) 桩架立柱下部搅拌轴应有定位导向装置;

(6) 在搅拌深度超过 20m 时,应在搅拌轴中部位置的立柱导向架上安装移动式定位导向装置。

5) 注浆泵的工作流量应可调节,其额定工作压力不宜小于 2.5MPa,并应配置计量装置。

8. 施工准备

1）基坑工程实施前，应掌握工程的性质、用途、规模、工期、安全与环境保护要求等情况，并应结合调查得到的施工条件、地质状况及周围环境条件等因素编制施工组织设计。

2）水泥土搅拌桩施工前，对施工场地及周围环境进行调查应包括机械设备和材料的运输路线、施工场地、作业空间、地下障碍物的状况等。对影响混凝土搅拌桩成桩质量及施工安全的地质条件（包括地层构成、土性、地下水等）必须详细调查。

3）施工现场应先进行场地平整，清除搅拌桩施工区域的表层硬物和地下障碍物，遇明洞、暗塘或低洼地等不良地质条件时应抽水、清淤、回填素土并分层夯实。现场道路的承载能力应满足桩机和起重机平稳行走的要求。

4）水泥土搅拌桩施工前，应按照搅拌桩桩位布置图进行测量放样并复核验收。根据确定的施工顺序，安排型钢、配套机具、水泥等物资的放置位置。

5）根据型钢水泥土搅拌墙的轴线开挖导向沟，应在沟槽边设置搅拌桩定位型钢，并应在定位型钢上标出搅拌桩和型钢插入位置。

6）若采用现浇的钢筋混凝土导墙，导墙宜筑于密实的土层上，并高出地面 100mm，导墙净距应比水泥土搅拌桩设计直径宽 40～60mm。

7）搅拌桩机和供浆系统应预先组装、调试，在试运转正常后方可开始水泥土搅拌桩施工。

8）施工前应通过成桩试验确定搅拌下沉和提升速度、水泥浆液水灰比等工艺参数及成桩工艺；测定水泥浆从输送管到达搅拌机喷浆口的时间。当地下水有侵蚀性时，宜通过试验选用合适的水泥。

9）型钢定位导向架和竖向定位的悬挂构件应根据内插型钢的规格尺寸制作。

9. 水泥土搅拌桩施工的一般规定

1）水泥土搅拌桩施工时桩机就位应对中，平面允许偏差应为 ±20mm，立柱导向架的垂直度不应大于 1/250。

2）搅拌下沉速度宜控制在 0.5～1m/min，提升速度宜控制在 1～2m/min，并保持匀速下沉或提升。提升时不应在孔内产生负压造成周边土体的过大扰动，搅拌次数和搅拌时间应能保证水泥土搅拌桩的成桩质量。

3）对于硬质土层，当成桩有困难时，可采用预先松动土层的先行钻孔套打方式施工。

4）浆液泵送量应与搅拌下沉或提升速度相匹配，保证搅拌桩中水泥掺量的均匀性。

5）搅拌机头在正常情况下应上、下各一次对土体进行喷浆搅拌，对含砂量大的土层，宜在搅拌桩底部 2～3m 范围内上下重复喷浆搅拌一次。

6）水泥浆液应按设计配合比和拌浆机操作规定拌制，并应通过滤网倒入具有搅拌装置的贮浆桶或贮浆池，采取防止浆液离析的措施。在水泥浆液的配合比中可根据实际情况加入相应的外加剂，各种外加剂的用量均宜通过配合比试验及成桩试验确定。

7）三轴水泥土搅拌桩施工过程中，应严格控制水泥用量，宜采用流量计进行计量。因搁置时间过长产生初凝的浆液，应作为废浆处理，严禁使用。

8）施工时如因故停浆，应在恢复喷浆前，将搅拌机头提升或下沉 0.5m 后再喷浆搅拌施工。

9）水泥土搅拌桩搭接施工的间隔时间不宜超过 24h，当超过 24h 时，搭接施工时应放慢搅拌速度。若无法搭接或搭接不良，应作为冷缝记录在案，并应经设计单位认可后，在搭接处采取补救措施。

10）采用三轴水泥土搅拌桩进行土体加固时，在加固深度范围以上的土层被扰动区应采用低掺量水泥回掺加固。

11）若长时间停止施工，应对压浆管道及设备进行清洗。

12）搅拌机头的直径不应小于搅拌桩的设计直径。水泥土搅拌桩施工过程中，搅拌机头磨损量不应大于 10mm。

13）搅拌桩施工时可采用在螺旋叶片上开孔、添加外加剂或其他辅助措施，以免带土附着在钻头叶片上。

14）型钢水泥土搅拌墙施工过程中应按相关规定填写每组桩成桩记录及相应的报表。

10. 型钢的插入与回收

1）型钢宜在搅拌桩施工结束 30min 内插入，插入前应检查其平整度和接头焊缝质量。

2）型钢的插入必须采用牢固的定位导向架，在插入过程中应采取措施保证型钢垂直度。型钢插入到位后应用悬挂构件控制型钢顶标高，并与已插好的型钢牢固连接。

3）型钢宜依靠自重插入，当型钢插入有困难时可采用辅助措施下沉。严禁采用多次重复起吊型钢并松钩下落的插入方法。

4）拟拔出回收的型钢，插入前应先在干燥条件下除锈，再在其表面涂刷减摩材料。完成涂刷后的型钢，在搬运过程中应防止碰撞和强力擦挤。减摩材料如有脱落、开裂等现象应及时修补。

5）型钢拔除前水泥土搅拌墙与主体结构地下室外墙之间的空隙必须回填密实。在拆除支撑和腰梁时应将残留在型钢表面的腰梁限位或支撑抗剪构件、电焊疤等清除干净。型钢起拔宜采用专用液压起拔机。

第九节　重力式水泥土挡土墙

1. 主要施工环节：测量放线→开挖沟槽→桩基定位→桩机就位→浆液拌制→搅拌下沉→喷浆提升→复搅复喷→清理溢出泥浆→桩机移位→施工下一段。

水泥土重力式围护墙是以水泥系材料为固化剂，通过搅拌机械采用喷浆施工将固化剂和地基土强行搅拌，形成连续搭接的水泥土柱状加固体挡墙。该工法利用一种特殊的搅拌头或钻头，在地基中钻进至一定深度后，喷出固化剂，使其沿着钻孔深度与地基土强行拌和而形成加固土桩体。固化剂通常采用水泥浆体或石灰浆体。目前常用的施工机械包括双轴水泥土搅拌机、三轴水泥土搅拌机、高压喷射注浆机。

水泥土重力式围护墙按竖向布置区分可以有等断面布置、台阶形布置等形式，常见的布置形式为台阶形布置。平面布置区分可以有满堂布置、格栅型布置和宽窄结合的锯齿形布置等形式，常见的布置形式为格栅型布置。

2. 适用环境：采用水泥土重力式围护墙的基坑开挖深度一般不超出 5m，基坑开挖越深，面积越大，墙体侧向位移越难以控制。水泥土重力式围护墙开挖深度超出 7m 的基坑工程，墙体最大位移可能达到 20cm 以上，使工程的风险相应增加。鉴于目前施工机械、工艺和控制质量的水平，开挖深度不宜超出 7m。由于水泥土重力式围护墙侧向位移控制能力在很大程度上取决于桩身的搅拌均匀性和强度指标，相比其他基坑围护墙体来说，位移控制能力较弱。因此，在基坑周边环境保护要求较高的情况下，若采用水泥土重力式围护墙，基坑深度应控制在 5m 以内，降低工程的风险。

地基基础工程施工前，必须具备完整的地质勘察资料及工程附近管线、建筑物、构筑物和其他公共设施的构造情况，必要时应做施工勘察和调查，以确保工程质量及邻近建筑的安全。

国内外试验研究和工程实践表明，水泥土搅拌桩和高压喷射注浆均适用于加固淤泥质土、含水量较高而地基承载力小于 120 kPa 的黏土、粉土、砂土等软土地基。对于地基承载力较高、黏性较大或较密实的黏土或砂土，可采用先行钻孔套打、添加外加剂或其他辅助方法施工。当土中含高岭石、多水高岭石、蒙脱石等矿物时，加固效果较好；土中含伊利石、氯化物和水铝英石等矿物时，加固效果较差，土的原始抗剪强度小于 20～30kPa 时，加固效果也较差。水泥土搅拌桩当用于泥炭土或土中有机质含量较高、酸碱度（pH 值）较低（<7）及地下水有侵蚀性时，宜通过试验确定其适用性。当地表杂填土层厚度大或土层中含直径大于 100mm 的石块时，宜慎重采用搅拌桩。

3. 施工过程中出现异常情况时，应停止施工，由监理或建设单位组织勘察、设计、施工等有关单位共同分析情况，解决问题，消除隐患，并应形成文件资料。水泥土重力式围护墙在整个施工过程中对环境可能产生两个方面的影响：水泥土重力式围护墙的体量一般较大，搅拌桩施工过程中由于注浆压力的挤压作用，周边土体会产生一定的隆起或侧移；基坑开挖阶段围护墙体的侧向位移较大，会使坑外一定范围的土体产生沉降和变位。因此，在基坑周边距离 1～2 倍开挖深度范围内存在对沉降和变形较敏感的建（构）筑物时，应慎重选用水泥土重力式围护墙。

4. 技术准备

1）熟悉施工图纸、设计说明和其他设计文件。

2）施工方案审核、批准已经完成。

3）根据施工技术交底、安全交底进行各项施工准备。

4）施工前应检查水泥及外掺剂的质量，桩位、搅拌机工作性能，各种计量设备（主要是水泥流量计及其他计量设备）完好程度。

5. 材料要求

水泥：采用新鲜水泥，出厂日期不得超过 3 个月，必须具有出厂合格证与质保单并应做复试。

外加剂：所采用外加剂须具备合格证与质保单，满足设计各项参数要求。

6. 主要机具：设备包括深层搅拌机、起重机、水泥制配系统、导向设备、提升速度量测设备和与深层搅拌机配套的起吊设备等。

7. 作业条件

1）深层搅拌法施工的场地应事先平整，清除桩位处地上、地下一切障碍物（包括大块石、树根和生活垃圾等）。场地低洼时应回填黏性土料，不得回填杂填土。基础底面以上宜预留 500mm 厚的土层，搅拌桩施工到地面，开挖基坑时，应将打桩段上部质量较差的土挖去。

2）施工前应标定深层搅拌机械的灰浆泵输浆量、灰浆经输浆管送达搅拌机喷浆口的时间和起吊设备提升速度等施工参数，并根据设计要求通过成桩试验，确定搅拌桩地基的配合比和施工工艺。

3）施工使用的固化剂和外掺剂必须通过加固土室内试验检验方能使用。固化剂浆液应严格按预定的配合比拌制。制备好的浆液不得离析，泵送必须连续，拌制浆液的罐数、固化剂与外掺剂的用量以及泵送浆液的时间等应有专人记录。

4）应保证起吊设备的平整度和导向架的垂直度。

第四章 施工质量控制

第一节 地下连续墙

1. 质量检测

地下连续墙的质量检测应符合下列规定：

1）混凝土地下连续墙采用声波透射法检测墙身结构完整性，检测槽段数不少于同条件下总槽段数的 20％，且不得少于 3 个槽段。每个检测墙段的预埋超声波管数不应少于 4 个，布置在墙身截面的四边中点处。

2）应进行槽壁垂直度检测，检测数量不得少于同条件下总槽段数的 20％，且不少于 10 幅；当地下连续墙作为地下结构主体构件时，应对每个槽段进行槽壁垂直度检测。

3）应进行槽底沉渣厚度检测；当地下连续墙作为地下结构主体构件时，应对每个槽段进行槽底沉渣厚度检测。

4）当根据声波透射法判定的墙身质量不合格时，应采用钻芯法进行验证。

5）地下连续墙作为主体地下结构构件时，其质量检测尚应符合相关规范的要求。

2. 成槽施工控制措施

成槽机成槽时为确保槽壁的稳定性，在保证护壁泥浆符合要求的前提下，对成槽施工质量采取如下措施：

1）成槽机定位时，控制成槽机抓斗的作业半径，使履带平行于导墙并尽量远离导墙边，减少对槽壁的影响。

2）将成槽机作业平台的地面硬化，铺筑 30cm 厚的 C30 钢筋混凝土地面，履带停放于混凝土地面上，以分散对地面的集中荷载作用，保持地层稳定。

3）成槽机挖槽时，严格控制成槽速度，轻放慢提，防止槽壁塌方。选用黏度大、失水量小、形成护壁泥皮薄而韧性强的优质泥浆，确保槽段在成槽机反复上下运动过程中土壁稳定，并根据成槽过程中土壁的变化情况选用外加剂，调整泥浆指标，以适应其变化。

4）在铣头沿高度的左、右两侧各安装 2 块导向板，前、后两侧各安装 4 块纠偏板。铣头在铣削时前后、左右的刮刀产生受力不同的情况，造成铣头倾斜，从而引起槽孔的偏斜。通过触摸屏，控制液压千斤顶系统伸出或缩回导向板、纠偏板，调整铣头的姿态，并调慢铣头下降速度，从而有效地控制槽孔的垂直度。

5）施工中防止泥浆漏失并及时补浆，始终维持稳定槽段所必需的液位高度（导墙顶以下 30cm），保证泥浆液面比地下水位高 0.5m 以上。

6）雨天或地下水位上升时应及时加大泥浆相对密度和黏度，雨量较大时暂停挖槽，并封盖槽口。

7）施工过程中严格控制地面的附加荷载，不使土壁受到施工附近荷载作用影响过大而造成土壁塌方，确保墙身的光洁度。

8）成槽结束后进行清底及泥浆置换、吊放钢筋笼（安放钢筋笼时做到稳、准、平，防止因钢筋笼上下移动而引起槽壁坍方）、放置导管等工作，经验收合格后，立即浇筑水下混凝土，尽量缩短已开挖槽壁的暴露时间。

3. 成槽垂直度控制措施

成槽质量的好坏重点在垂直度的控制上。为保证成槽质量，有效控制垂直度（1/700），采取如下措施：

1）成槽过程中利用成槽机的显示仪进行垂直度跟踪观测，做到随挖随纠，达到设计的垂直度要求。

2）合理安排每个槽段中的挖槽顺序，使抓斗两侧的阻力均衡。

3）消除成槽设备的垂直度偏差，根据成槽机的仪表控制垂直度。

4）成槽结束后，利用超声波检测仪测垂直度，如发现垂直度没有达到设计和规范要求，及时进行修正。

5）若遇坚硬岩层，可采用铣槽机成槽，在现场质检员的监督下，机组负责人指挥，严格按照设计槽孔偏差控制液压铣头下放位置，将液压铣头中心线对正槽孔中心线，缓慢下放液压铣头施工成槽。

4. 防止槽壁坍塌措施

1）改善泥浆性能：在泥浆中加入适量的重金石粉和 CMC 以增大泥浆相对密度和提高泥浆黏度，增大槽内泥浆压力和形成泥皮的能力。

2）加高施工导墙：由于施工场地地面标高高于导墙标高，且地下水位较高，在荷载作用下稳定性较差，因此在导墙施工时对上部进行加高，高出地面 10～20cm，提高浆液面的高度，保证槽壁稳定。

3）减少施工影响

（1）在成槽时尽量小心，抓斗每次下放和提升都要缓慢匀速进行，尽量减少抓斗对槽壁的碰撞和引起泥浆震荡。

（2）施工中防止泥浆漏失并及时补浆，始终维持槽段所必需的液位高度，保证浆液液面比地下水位高。

（3）雨天地下水位上升时应及时加大泥浆相对密度和黏度，雨量较大时暂停挖槽，并盖封槽口。

（4）施工过程中严格控制地面的荷载，不使土壁受到施工附近荷载作用影响而造成土壁坍方，确保墙身的平整度。

5. 槽壁坍方处理措施

若在成槽过程中已经遇到坍方，采取如下处理措施：

1）坍塌的槽段部分导墙即使不断裂，也因其底部空虚而不能承重，因此在吊装钢筋笼前先架设具有足够刚度的钢梁，代替导墙搁置钢筋笼，并将钢筋笼荷载通过钢梁传递到坍塌区以外的地基上。

2）坍方后必然会造成混凝土从接头管两边绕流，致使接头管难以起拔，并给相邻槽段的开挖、钢筋笼下放带来困难，造成质量事故，对此可采用：

（1）增加顶拔频率，减少每次顶拔高度，使接头处混凝土面始终和接头管保持脱离状态，确保接头管能安全起拔，不破坏已浇筑槽壁混凝土。

（2）当接头管全部拔出后，在绕管混凝土强度不高时，马上采用液压抓斗，对绕管混凝土彻底清除，然后采用优质黏土暂时回填。

6. 地下连续墙渗漏水的预防措施

1）地下连续墙的清底工作应彻底，清底时严格控制每斗的进尺量不超过 15cm，以便将槽底泥块清除干净，防止泥块在混凝土中形成夹心现象，引起地下连续墙漏水。

2）泥浆的管理，对相对密度、黏度、含砂率超标的泥浆坚决废弃，防止因泥浆引起的混凝土浇筑时混凝土面高度过大而造成的夹层现象。

3）混凝土浇筑时槽壁塌方。钢筋笼下放到位后，附近不得有大型机械行走，以免引起槽壁土体震动。

4）混凝土浇筑时严格控制导管埋入混凝土中的深度，绝对不允许发生导管拔空现象，防止混凝土导管拔出混凝土面而出现混凝土断层夹泥的现象。混凝土浇筑过程中要经常提拔导管，起到振捣混凝土的作用，使混凝土密实，防止出现蜂窝、孔洞，以及大面积湿迹和渗漏现象。

5）开挖后发现有渗漏现象，应立即进行堵漏，可视其漏水程度不同采取相应措施。封堵方法如下：

（1）有微量漏水时，可采用双快水泥进行修补。

（2）漏水较严重时，可用双快水泥进行封堵，同时用软管引流，该水泥硬化后从引流管中注入化学浆液止水堵漏，进行化学注浆。

（3）较大渗漏情况，有可能产生大量土砂漏入时，先将漏点用原土或袋装快速水泥反压，防止大量砂子渗出。同时，在地下连续墙的背面采用双液注浆（水玻璃和水泥）处理。

7. 墙露筋现象的预防措施

1）钢筋笼必须在水平的钢筋平台上制作，制作时必须保证其有足够的刚度，架设型钢固定，防止起吊变形。

2）按设计和规范要求放置保护层垫块，严禁遗漏。

8. 成槽漏浆现象的预防及处理措施

1）发生漏浆现象最主要的地方是地下人防和地下管道部位。对于施工区内地下人防和地下管道，在导墙施工时，应将地下人防和地下管道在导墙范围内的部分破除干净，导墙的底部必须超过地下人防和地下管道的底板，进入原状土层，导墙的后部用黏土回填密实，防止漏浆。

2）少量漏浆现象，如果是地质原因，可在泥浆中加入 0.5%～2% 的锯末作为防漏剂，继续成槽。

3）出现大量漏浆现象，则是由于开挖槽壁中有孔洞出现，这时应立即停止成槽，并不断向槽内送浆，保持槽内泥浆面的高度，防止槽壁塌方。然后挖出导墙外边的主体，查找漏浆的源头进行封堵。待处理结束后才能继续成槽。

4）当漏浆源头埋深较深，无法通过明挖法成槽时，应当向槽内充填水泥搅拌土返浆拌成优质黏土，或夯实凝固层，重孔成槽。

9. 地下连续墙注浆

地下连续墙墙底注浆可消除墙底沉淤，加固墙侧和墙底附近的土层。墙底注浆可减少地下连续墙的沉降，也可使地下连续墙底部承载力和侧壁摩擦力充分发挥，提高地下连续墙的竖向承载力。

1）地下连续墙墙底注浆一般在每幅槽段内设置 2 根注浆管，注浆管间距一般不大于 3m；注浆管下端伸至槽底以下 200～500mm 的规定是为了防止地下连续墙浇筑混凝土后包裹注浆管头，堵塞注浆管。

2）注浆压力应大于注浆深度处土层压力，注浆一般在浇筑压顶圈梁之前进行。注浆量可根据土层情况及类似工程经验确定，必要时可根据工程现场试验确定。压浆可分阶段进行，可采用注浆压力盒、注浆量双控的原则。

3）注浆前疏通注浆管，确保注浆管畅通，可采用清水开塞的方法，这是确保注浆成功的重要环节，通常在地下连续墙混凝土浇筑完成后 7～8h 进行。清水开塞是采用高压水劈通压浆管，为墙底注浆做准备的一个环节。对于深度超过 45m 的地下连续墙，由于混凝土浇筑时间较长，一般可结合同条件养护试块确定具体的开塞时间。

10．钢筋笼制作控制措施

1）标准幅钢筋笼制作要求：

（1）钢筋笼在制作平台上整幅制作成型，并整幅吊装入槽。平台基面应浇筑素混凝土，基面应平整，高差＜2cm。其上安装与最大单元槽段钢筋笼长宽规格相同的［10 槽钢平台。槽钢按下横上纵排列、横向间距 4m、纵向间距 1.5m 焊接成矩形，四角应成 90°，并在制作平台的四周边框上按钢筋纵横间距尺寸焊定位筋。

（2）钢筋笼制作全部采用电焊焊接和机械连接，不得用镀锌铁丝绑扎。

（3）各种钢筋焊接接头按规定做拉弯试验，试件试验合格后，方可焊接钢筋，制作钢筋笼。

（4）按翻样图布置各类钢筋，保证钢筋横平竖直，间距符合规范要求，钢筋接头焊接牢固，成型尺寸正确无误。

（5）盾构范围内含有玻璃纤维筋的槽段要严格按照图纸要求施工翻样，在盾构圆环 11m 的范围内布置玻璃纤维筋，间距同钢筋间距，采用 M10-U 型螺栓连接，搭接长度为 50d。

（6）钢筋笼在迎土面、开挖面合理设置保护层定位板，保护层采用 5mm 厚钢板，和钢筋笼绑扎牢固。钢筋笼保护层示意图参见图 4-1。

（7）按翻样图构造混凝土导管插入通道，通道内净尺寸至少大于导管外径 5cm，导管

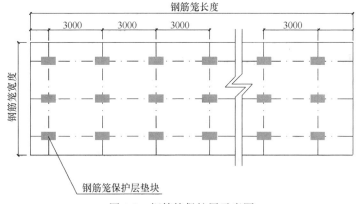

图 4-1 钢筋笼保护层示意图

导向钢筋必须焊接牢固，导向钢筋搭接处应平滑过渡，防止产生搭接台阶卡住导管。

（8）为了防止钢筋笼在吊装过程中产生不可复原的变形，各类钢筋笼均设置纵向抗弯桁架，拐角形钢筋笼还需增设定位斜拉杆。

（9）为了保证钢筋笼吊装安全，吊点位置的确定与吊环、吊具的安全性应经过设计与验算，作为钢筋笼最终吊装环中吊杆构件的钢筋笼上竖向钢筋，必须与相交的水平钢筋自上至下的每个交点都焊接牢固。

（10）严格按设计要求及翻样图纸焊装预留插筋（或接驳器）、预埋铁件，绑扎硬泡沫塑料板，并保证插筋、埋件的定位精度符合规定要求。

（11）严格按照设计图纸埋设测斜管和声测管，测斜管的埋设数量为总墙幅的30%，每幅埋设一根，声测管的埋设数量为总墙幅的40%，每幅埋设4根。

（12）钢筋笼制成品必须先通过"三检"，再填写"隐蔽工程验收报告单"，请监理单位验收签证，否则不可进行吊装作业。

（13）钢筋笼质量检验标准见表4-1。

表4-1　钢筋笼质量检验标准

项目	允许偏差（mm）	检查频率		检查方法
		范围	点数	
长度	±50		3	
宽度	±20		3	尺量
厚度	−10		4	
主筋间距	±10	幅	4	在任何一个断面连续量取主筋间距（1m范围内），取其平均值作为一点
两排受力筋间距	±10		4	尺量
预埋件中心位置	<20		4	抽查
同一截面受拉钢筋接头截面积占钢筋总面积	≤50%（或按设计要求定）			观察

2）转角幅钢筋笼制作要求：对于拐角幅及特殊幅钢筋笼，除设置纵、横向起吊桁架和吊点之外，另要增设"人字"桁架和斜拉杆进行加强，以防钢筋笼在空中翻转角度时发生变形。

11. 对钢筋笼无法下放到位的预防及处理措施

1）钢筋笼在下放入槽不能准确到位时，不得强行冲放，严禁割短割小钢筋笼，此时应重新提起，进行二次清槽，待处理合格后重新吊入。

2）钢筋笼吊起后先测量槽深，分析原因，对于塌孔或缩孔引起的钢筋笼无法下放，应用成槽机进行修槽，待修槽完成后继续吊放钢筋笼入槽。

3）对于大量塌方，以致无法继续进行施工时，应对该幅槽段用黏土进行回填密实后重新成槽。

4）由于上一幅地下连续墙混凝土绕管引起钢筋笼无法下放时，可用成槽用抓斗放空冲抓或用吊机吊刷壁器空挡冲放，以清除绕管部分混凝土后，再吊放钢筋笼入槽。

12. 对预埋件标高的控制措施

1）钢筋笼施工时应保证钢筋笼横平竖直，预埋件必须准确对应钢筋笼的笼顶标高。

2）预埋件必须牢固固定于钢筋笼上，杜绝预埋件在钢筋笼起吊和下放过程中产生松动或脱落现象。

3）钢筋笼在下放到位后，必须跟踪测量笼顶主筋的标高，超过规范和设计要求的情况，必须马上调整到设计标高。

<h2 style="text-align:center">第二节　锚　　杆</h2>

1. 施工质量控制措施：

1）锚杆施工全过程中，应认真做好锚杆的质量控制检验和试验工作。

2）锚杆的位置、孔径、倾斜度、自由段长度和预加力，应符合规范要求。

3）对不合格的锚杆，若具有能二次高压灌浆的条件，应进行二次灌浆处理，待灌浆体达到75％设计强度时再按验收试验标准进行试验；否则应按实际达到的试验荷载最大值的50％（永久性锚杆）或70％（临时性锚杆）进行锁定，该锁定荷载可按实际提供的锚杆承载力设计值予以确认。

4）按不合格锚杆所在位置或区段，核定实际达到的抗力与设计抗力的差值，并应采取增补锚杆的方法予以补足至该区段原设计要求的锚杆抗力值。

2. 原材料与混合料质量控制：

1）每批材料到达工地后应进行质量检查，合格后方使用。

2）喷射混凝土混合料的配合比以及拌和的均匀性，每工作班检查次数不得少于2次，条件变化时应重新检查。

3. 结构性喷射混凝土应进行抗压强度和粘结强度试验，必要时，尚应进行抗弯强度、残余抗弯强度（韧性）、抗冻性和抗渗性试验。喷射混凝土抗压强度和粘结强度试验的试件数量、试验方法及合格标准应遵守最新规范的规定。

4. 喷射混凝土层的厚度、抗压强度、粘结强度、表面平整度和表面质量应符合最新规范的规定。

5. 施工前的准备工作包括施工前的调查和施工组织设计两部分。施工前的调查为施工组织设计提供必要资料，主要包括以下内容：

1）锚固工程计划、设计图、边坡岩土性状等资料是否齐全。

2）施工场地调查，施工对交通的影响情况。

3）施工用水、用电条件调查。

4）边坡工程周边可能对施工造成影响的何种状态调查。

5）作业限制、环保法规或地方令对施工造成的影响。

6）其他条件的调查，如施工便道、气象、安全等条件的调查。

6. 测量定位质量控制措施：测量定位在误差范围内，尤其是每排锚杆张拉底座采用钢梁时，必须保证每排锚杆在同一标高上，否则张拉时钢梁安装无法施工。

7. 钻机就位质量控制措施：钻机就位时钻头对准孔位、孔深、角度。孔径可以通过度量钻头来控制。孔深可以根据单根钻杆的长度和钻杆的根数计算控制，其实也可以在锚杆安放时控制孔深，满足设计长度的锚杆能够顺利安放到对应的孔内，说明孔深满足质量要求。角度在钻机就位时控制。

8. 成孔质量控制措施：采用机械螺旋钻机成孔，局部可采用人工洛阳铲成孔。

1) 在钻进过程中应合理掌握钻进参数和钻进速度，防止出现埋钻、卡钻等各种孔内事故；对土层锚杆的自由段钻进速度可稍快，对锚固段则应稍慢一点。

2) 采用干作业钻孔时，要掌握钻进速度，避免"别钻"；钻孔完毕后，为减少孔内虚土，应先将孔内土充分倒出，再拔钻杆。

3) 采用湿作业成孔时，注意钻进时要不断供水冲洗，始终保持孔口水位，并根据地质条件控制钻进速度，一般以 300～400mm/min 为宜，每节钻杆钻进后在接钻杆前，一定要用水反复冲洗孔底沉渣，直到溢出清水为止，然后拔出钻杆。

9. 锚杆制作质量控制措施：控制锚杆制作质量，首先明确制作锚杆的组成部分，即锚杆主杆体、对中支架、注浆管。

锚杆主杆体分为锚固段和自由段，长度需考虑锚头张拉和制作长度。自由段控制隔离剂涂抹均匀饱满和套管的质量（常用 PVC 管），保证自由段与浆体隔离。主杆材料为螺纹钢，单根钢筋长度通常为 9m，长度大于 9m 的锚杆主杆需要钢筋连接，连接方式分为焊接和直螺纹对接，普通螺纹钢采用焊接，精轧螺纹钢采用专用精轧连接器直螺纹连接。焊接控制焊缝质量和搭接长度（单面焊 $10d$，双面焊 $5d$），直螺纹连接控制两根钢筋进入连接器两头的尺寸相等，并且连接器和所连接的钢筋拧紧。

对中支架材料为盘圆，制作焊于主杆体锚固段上，主要控制支架大小和间距。

注浆管分为一次注浆管和二次注浆管，一次注浆管材料为塑料管，二次注浆管为无缝钢管或外侧部分无缝钢管与内侧部分塑料管连接。一次注浆管绑在锚杆上，不得绑扎太紧，否则注浆后不易拔出，也不得绑扎太松，否则下放锚杆时容易脱落。二次注浆管锚固段部分为花管，控制花孔孔径和间距满足设计要求，外侧钢管套丝均匀，满足二次注浆时安装球阀，管的两头和花孔均用胶布封死，防止一次注浆时浆液进入二次注浆管内。

制作好的锚杆成品堆放整齐有序，防止堆放时将注浆管破坏和封口的胶布损坏。

10. 锚杆安放质量控制措施：锚杆安放前主要依靠工人扛抬在边坡上搬运。搬运前仔细核对所搬运的锚杆长度与即将进入所对应设计孔位的锚孔深度是否相符，确认无误，才能组织人员抬至孔口。搬运时，不得损坏锚索杆各部位，凡有损伤必须修复。

锚杆入孔有两种形式：①制作好的锚杆一次性放入孔内；②锚杆孔口搭接，搭接一节向孔内安放一节。入孔安放时，应防止锚杆挤压、弯曲或扭转。锚索杆入孔的倾角和方位应与锚孔的倾角和方位一致，要求平顺推送。锚杆安装先慢慢入孔，摆正方向，然后加快速度推送，依靠锚杆重力及惯性下滑。尽量不要停顿，严禁抖动、扭转和窜动。如中间卡住，可稍拔出一点再下推，直至下到设计深度。若遇锚杆进孔困难，用高压风吹洗孔一次，若还不行，再用钻进冲孔、扣孔，直到锚杆入孔安装就位为止。安装完成后，不得随意敲击锚筋或悬挂重物。

11. 一次注浆质量控制措施：下放锚杆后，立即按照设计配合比进行注浆。压浆前应对压浆设备、压浆管、注浆管等进行检查，确保完好、畅通。在管路连接后可用清水压注检查，确保设备和管路运转正常，无漏浆、爆管等问题发生。

注浆采用孔底返浆法，全段一次性注浆，防止中途停止较长时间。注浆至锚孔孔口溢出浆液时，方可停止注浆。边注浆边抽拔注浆管，保证管口埋于浆液内，实际注浆量一般要大于理论注浆量，且将孔口浆液溢出浓度作为注浆结束的标准。如发现孔口浆面回落，应在 30min 内进行孔口压注补浆 2～3 次，确保孔口浆体充满。

12. 二次注浆质量控制措施：二次注浆采用双控法，满足设计注浆量和设计注浆压力。

13. 张拉质量控制措施：锚杆张拉分为五级进行，每级荷载分别为锁定拉力的 0.25 倍、0.5 倍、0.75 倍、1.0 倍、1.2 倍，除最后一级需要稳定 10～20min 外，其余每级需要稳定 5min，并分别记录每一级锚杆的伸长量，在每一级稳定时间内必须测读锚头位移 3 次。张拉稳定后，卸荷至锁定荷载锁定锚杆。

第三节　钻孔灌注桩排桩

1. 灌注桩排桩施工质量控制应符合下列规定：

1）桩位偏差轴线及垂直轴线方向均不宜大于 50mm。

2）孔深偏差不应大于 300mm，孔底沉渣应不大于 200mm 厚度。

3）桩身垂直度偏差不应大于 1/150，桩径偏差不应大于 30mm。其中咬合桩垂直度偏差不应大于 3%。

2. 为确保安全生产，对钻孔灌注桩工程制定以下施工技术措施：

1）孔口护筒的制作、埋设：

（1）孔口护筒的功能和作用、埋设。孔口护筒起导正钻具、控制桩位、保护孔口、隔离地表水渗漏、防止地表土和杂填土坍塌、保持孔内水头高度、固定钢筋笼等作用。

（2）护筒的制作。护筒应不漏水、内无突出物、具有一定的刚度，护筒内径一般比桩径大 200～400mm。钢护筒一般 2～3m 为一节，每节靠近端头应加强（加焊钢板），焊缝应密实。

（3）护筒的埋设。护筒顶一般应高出地下水位 1.5～2.0m（对正循环回转法成孔是指护筒顶端泥浆溢出口底边高），对旱地还应高出地面 0.3m 以上。

（4）护筒底端埋置深度应超过不透水层黏性土 1.0～1.5m，护筒周围 0.5～1.0m 范围内的砂土应挖除，夯填黏性土到护筒底 0.5m 以上（保证夯实），保证至少原生地层 2m 以上。护筒埋设方法有压重、振动或辅助人工筒内除土等，筒口应用钢丝等固定，在灌注桩完成后拆除。

2）护壁泥浆：

（1）泥浆是桩孔施工的冲洗液，主要作用是清洗孔底、携带钻渣、平衡地层压力、护壁防塌以及润滑冷却钻头等。钻孔泥浆由水、黏土（或膨润土）和添加剂组成。

（2）泥浆材料要求：黏土要求造浆胶体率高、含砂率小、造浆率高。一般塑性指数应大于 25。造浆用水应为无污染洁净水。根据地层情况选择不同性能泥浆，并备一定量化学处理剂。

（3）泥浆循环系统包括搅拌池、循环池、沉淀池、循环槽等，可靠近桩基附近用袋装土围筑，设置标志牌，以防跌入。

（4）泥浆性能检测，原则上应每班检测 2 次（每 4h 检测一次），根据地质情况随时调整。

3）钻孔：

（1）设备安装和就位：钻机就位前必须对桩基附近尤其是钻机坐落处平整和加固。准备钻孔机械及配备设备的安装、水电供应的接通，钻架需坐落在钢轨或枕木上，且牢固可靠。

钻机就位后，底座不致沉陷、偏斜、位移等。回旋钻机顶部的起吊滑轮缘、转盘中心和桩孔中心三者应在同一铅垂线上，偏差小于 2cm，保证成孔位置正确。

（2）钻进成孔。钻进中应保持孔内水头高度。钻锥升降应平稳，不得刮碰护筒。钻孔应连续作业，不得中断。因故停钻时，应注意加盖保护孔口，防止落物，且不得将钻锥留在孔内，防止埋钻。开孔应慢速推进，当导向部位全部进入土层后才可全速钻进。

钻孔时，严禁孔口附近站人，以防钻锥撞击发生人身事故。

夜间施工时，应有充足的照明及警示灯。在任何情况下，严禁施工人员进入没有护筒或其他防护设施的钻孔中处理故障。当必须下入没有护筒或其他防护设施的钻孔时，应在检查孔内无有害气体，并备齐防毒、防溺、防塌埋等安全设施后方可进行故障处理。

4）钢筋制作及吊装：钢筋应在施工现场集中分段制作，场地要平整，吊装前应用杉木等内撑防止变形。

根据吊装能力，一般钢筋每节长度为 9～11m，为保证主筋接头错开，钢筋在制作时主筋端头应错开。每节钢筋应用 16mm 光圆钢筋焊吊环，最后一节钢筋入孔口应焊钢筋吊环，焊接在钢护筒上，防止钢筋在混凝土灌注中被顶升。吊装时，吊车臂范围严禁无关人员进入，起吊要平稳。

5）混凝土灌注：导管使用前应进行必要的水密、承压和接头抗拉等试验。漏斗底口应高出孔内水面或桩顶的必要高度，该高度不小于 4～6m。

混凝土的数量应能满足初次埋深和填完导管底部间隙的需要。开始灌注混凝土时，应在漏斗底口处设置可靠的隔水设施。

导管吊装应充分考虑导管和充满导管内混凝土的总重及导管壁与导管内外混凝土的摩擦，并有一定储备。

灌注混凝土期间，配备水泵、吸泥机、高压射水管等设备。导管应用醒目数字依次标记，灌注混凝土过程中详细记录拆管数量，并用测锤随时量测孔内混凝土面高度，保证孔内导管埋深在 2～6m 范围内。

3. 在钻孔过程中常遇到的问题及处理方法：

1）溶洞处理：

（1）在孔口的周围准备一定的小片石及黏土，安排 1 台 ZL50 型装载机，一旦出现溶洞漏浆便将片石与黏土迅速铲起进行填孔。

（2）一旦钻孔达到溶洞顶部位置时，选择小冲程以将洞顶逐渐击穿，把握好回填黏土与片石的比例。

（3）采用小冲程轻砸，以保证黏土与片石能够充分挤进溶洞的内壁，待其形成稳定护壁，解决泥浆漏失问题后进行正常钻孔。若漏浆问题严重，用黏土及片石回填无法解决问题时，则可通过直接灌注水下混凝土以解决问题。其具体操作为：在已钻孔底 0.3～0.5m 位置下导管，进行水下混凝土灌注，在保证其不会下降且表面不会超过溶洞洞顶 1m 的位置后停止灌注，当混凝土强度达到 $30\%\sim50\%$ 后，重新钻进。

2) 偏斜：

(1) 钻孔灌注桩发生偏斜主要指：① 成孔后不垂直，偏差值大于规定桩长 1/100；② 钢筋笼不能顺利入孔。

(2) 发生偏斜的主要原因：

① 钻机未处于水平位置，或施工场地未整平及压实，在钻进过程中发生不均匀沉降；

② 水上钻孔平台基底座不稳固、未处于水平状态，在钻孔过程中，钻机架发生不均匀变形，钻架位移；

③ 钻杆弯曲，接头松动，致使钻头晃动范围较大；

④ 土层软硬不均，致使钻头受力不均，或遇到孤石等。

(3) 为预防偏斜现象，需：

① 钻机就位前，应对施工现场进行整平和压实，并把钻机调整到水平状态，在钻进过程中，应经常检查使钻机始终处于水平状态工作；

② 应使钻机顶部的起重滑轮槽、钻杆的卡盘和护筒桩位的中心在同一垂直线上，并在钻进过程中防止钻机移位或出现过大的摆动；

③ 要经常对钻杆进行检查，对弯曲的钻杆要及时调整或废弃。

发生偏斜现象时，若遇到孤石等障碍物，可采用冲击钻冲击成孔；当钻孔偏斜超限时，应回填黏土，待沉积密实后重新钻孔。

3) 塌孔：塌孔主要是指孔内的水位突然下降又回升后，孔口冒出小水泡，出渣量明显增加后导致钻机负荷量加大。该现象的出现主要是因为泥浆的性能不符合要求、机具碰撞到孔壁等。一旦出现塌孔，需要查清其出现的位置。若塌孔不深，则使用黏土进行回填，高度为塌孔位置以上 $2\sim3m$，同时通过加大泥浆相对密度、加高水头以及改善泥浆性能等方法进行处理，而后持续钻进；若塌孔严重，则需采用砂类土、砾石土等立即回填，若无这些材料，则选择掺入 $5\%\sim8\%$ 水泥的黏质土回填，待其稳定后重新开钻。

4) 孔内漏浆：通常，若钻孔达到透水层，因泥浆性能差、护筒周围透水，遇到小溶洞等会导致孔内漏浆。一旦护筒内的水头无法保持，通常采用在其周围回填土并夯实、加深护筒埋设位置、降低水头高度、加大泥浆相对密度以及黏度等方法以改善这一问题。若采用冲击钻进行冲孔，则可在孔内回填片石或卵石，也可适当加入一定量的水泥，并反复冲击以加强护壁的稳定性。

5) 卡钻：一般来说，卡钻通常发生于冲击钻进行钻孔的过程中，由于钻孔过程中先形成十字孔、梅花孔，冲锤磨损后没有及时补焊、孔内有异物等导致的。卡钻时不可强行将钻孔提出。因为"探头石"导致出现卡钻问题，则可适当下放钻头，继而强力、迅速上提，将"探头石"缩回以成功提起钻头。由于钻头穿过岩层的突变位置而造成卡钻，则先进行水下爆破处理，注意砂土底层中不可采用此方法。因机械故障使得钻头在浓泥浆里滞留较长时间而无法提升，则需插入高压水管将泥浆置换。

6) 荤桩成孔偏斜：咬合桩荤桩成孔时机需把握准确，若素桩强度发展较快，宜早期进行咬合成孔，否则荤桩咬合成孔将十分困难，过程中易出现孔位外偏，无法达到理想的咬合效果。当孔位出现较大偏斜时，应回填，垂直钻孔。当钻孔的垂直度仍无法满足设计要求时，应会同设计、监理、业主现场讨论研究。

7）掉钻：掉钻产生的原因通常是钻杆过分磨损、钻锤钢丝绳过分磨损、钢丝绳卡扣螺钉松动等。在桩基钻的过程中常常会出现掉钻问题，因此需将每台钻机配备足够的打捞工具。若钻孔壁稳定，则可采用钻机将"打捞器"起吊入孔后实施打捞。打捞开展前，先采用"探针"确定钻头的具体位置，以保证打捞能够一次成功，防止起吊至空中后出现再次落孔的问题。钻孔壁发生局部坍塌导致钻头埋设的情况后，需增加孔内泥浆浓度，将旋转钻头放至安全深度的范围进行搅动，然后以"气举法"将钻头上方的沉积土、淤泥等清除干净，保证钻头露出后进行打捞工作。若孔壁存在坍塌的可能性，则需先进行加固后再进行打捞工作。

4.清孔过程中易出现的问题和处理措施：在桩基清孔的过程中，常出现的问题有塌孔、泥浆的含砂率过大以及沉渣过多等。塌孔的原因主要在于换浆速度过快、降低泥浆密度过快等。清孔的过程中若出现塌孔，则需要按照塌孔严重的程度采取相应的措施实施处理。若塌孔不严重，则可通过加大泥浆相对密度以改善泥浆的性能，继而继续清孔；若塌孔严重，则需要进行回填后重新钻孔。泥浆的含砂率过大、沉渣过大等，均是清孔的过程中加水速度较快、水量过大或换浆过程中捞渣处理不规范等导致的。泥浆的含砂率、沉渣过大的处理方法：加大泥浆的相对密度并进行清孔，保证其符合要求。

5.灌注混凝土的过程中易出现的问题和处理措施：

1）导管堵管：出现导管堵管的问题一般是隔水硬球栓、硬柱塞等物体被卡住而导致的。出现初灌堵管时，采取长杆冲捣、振动器振动或硬物敲打导管外侧等方法疏通。若无法疏通，则将导管拔出，去除堵塞物后重新下导管灌注。中期导管堵塞一般是因为灌注的时间过长，混凝土表面已初凝，或是因为混凝土砂石级配较差而导致的混凝土离析、混凝土中含有大块物体等。处理方法：将堵塞物和导管同时拔出，进行导管疏通。如果原先灌注的混凝土表层未完成初凝，则采用新导管插进混凝土表面2m以下，借助潜水泥浆泵抽净泥浆，继而采取圆杆接长小掏渣筒进入管内清理干净。

2）断桩：因为灌注时导管提升失误、混凝土的供应中断、导管漏水等会造成导管中已灌注的混凝土和导管混凝土隔断，导致灌注中断，此种现象即为断桩。发生断桩后需立即停止灌注，将导管、钢筋笼拔出，以减小损失。处理方法：若断桩位置不超过设计桩的1/3处，则用冲击钻将已灌注部分清除，继而进行原位恢复；若处于设计桩的1/3～2/3时，则需要多种处理方法进行对比，选择最佳手段；若超过2/3处且和孔深距离小于10m，则需进行钻孔加固护壁，然后将钻孔桩接长。若桩长超过50m，此时出现断桩现象，需先对处理方案进行详细的论证后方可操作，不可盲目操作造成更大的损失。

3）灌注塌孔：大的塌孔的特征与钻孔期间的比较相似，可用测探仪或测锤探测，如探头达不到混凝土面高程即可证实发生了塌孔。发生灌注塌孔有几种原因：护筒脚漏水；潮汐区未保持所需的水头；地下水压超过孔内水压；孔内泥浆相对密度、黏度过低；孔口周围堆放重物或机械振动。发生灌注坍塌时，如坍塌数量不大，可采用吸泥机吸出混凝土表面坍塌的泥土，如不继续塌孔，可恢复正常灌注；如塌孔仍在继续且有扩大之势，则应将导管及钢筋骨架一起拔出，用黏土或掺入5%～8%的水泥将孔填满，待孔位周围地层稳定后重新钻孔施工。

第四节　土　钉

1. 土钉支护质量控制应遵守下列规定：

1) 注浆材料宜用水泥净浆或水泥砂浆，水泥净浆的水灰比宜为 1：0.5～1：1；水泥砂浆的水灰比宜为 0.4～0.5，灰砂比宜为 1：1～1：2。

2) 钻孔的误差应符合表 4-2 的要求。

表 4-2　土钉成孔允许偏差

序号	检查项目	允许偏差
1	孔位偏差	±100mm
2	成孔的倾角误差	±3°
3	孔深误差	±50mm
4	孔径误差	±10mm

3) 土钉筋体保护层厚度不应小于 25mm。

4) 当成孔过程中遇到障碍需要调整孔位时，不得降低原有支护设计的安全度。

2. 开挖、修坡

土方开挖必须紧密配合土钉墙施工，分层开挖，严格做到开挖一层、支护一层；土方开挖应注意留保护层，以保证少扰动边坡原状土，每次开挖深度为土钉设计层高加 0.3～0.5m；正面开挖宽度与土层条件、坡度、坡顶附加荷载及分层高度均有关系，当松软的杂填土和软弱土层、滞水层地段及施工期间坡顶超载太大、边坡坡度较陡时，分段长度均应小一些。当工期较紧时，为加快施工进度，也可采用多段跳槽开挖的方式。开挖宽度一般控制在 8～15m 为宜。基坑开挖时必须遵守的另一条原则是：在未完成上层作业面的土钉与喷射混凝土支护之前，不得进行下一层的开挖。开挖后应及时进行人工修坡。

3. 成孔后，应及时将土钉（连同注浆管）送入土中，土钉对中支架视土质情况采取不同间距（1.2～2.0m）、不同形式（当土质较软时，可加焊船形铁皮）。

4. 注浆

土钉用浆液配合比根据设计要求确定，一般采用水灰比为 0.4～0.45、灰砂比采用 1：1～1：2 的水泥砂浆。水泥一般采用 42.5 级普通硅酸盐水泥配制；浆体采用机械搅拌，禁止人工搅拌，浆液应在初凝前用完，并严防杂物混入浆液；注浆时应先高速低压从孔底注浆，当水泥浆从孔口溢出后，再低速高压从孔口注浆。

5. 编钢筋网，焊接土钉头

钢筋网片应牢固固定在边壁上，并符合规定的保护层要求，钢筋网片可用插入土中的钢筋固定，层与层之间的竖向钢筋用对钩连接，竖向钢筋与横向钢筋采用绑扎连接，同一施工层上段与段之间的横向钢筋采用焊接或绑扎连接，层与层、段与段之间的钢筋网片的接槎应搭接牢固，钢筋网每边的搭接长度不小于一个网格边长，如为搭焊则焊缝长度不小于网筋直径的 10 倍。土钉与垫板或固定钢筋采用焊接连接。

6. 喷射混凝土面层

喷射作业应分段进行，同一段内喷射顺序应自下而上，一次喷射厚度一般不小于

40mm，为了保证施工时喷射混凝土厚度达到规定值，可在边壁面上垂直打入短的钢筋段作为标志。当面层厚度超过120mm时，应分两次喷射，第二次喷射应在加强筋与土钉头焊接完成后进行。喷射混凝土的射距宜在0.8～1.5m的范围内。射流方向一般应垂直于坡面，但在钢筋部位，应先喷射钢筋的后方，然后再喷射钢筋的前方，防止在钢筋背部出现空隙，段与段、层与层之间的施工缝接合面的浮浆层和松散碎屑应清除干净并喷水润湿后方可进行下步喷射，以确保接槎牢固。

7. 做好土钉墙支护的排水系统。

地下水、地表水的渗流会降低土体强度和土钉与土体之间的界面粘结力，并对喷射的混凝土面层产生压力，因此土钉墙支护宜在降低地下水的条件下施工，并采取措施排除地表水和坑内渗水。降低地下水位可采取井点降水的方法；地表水排除的方法是将基坑四周支护范围内的地表面先加以修整，然后构筑排水沟或水泥地面，以防地表水向地下渗流；支护内部排水一般是在支护面背部设置长度为40～60cm、直径为6～10cm的水平塑料排水管，管壁带孔，内填滤水材料，随开挖随设置；基坑内积聚的渗水采取设置排水沟和集水坑的方法予以排除，排水沟要求离开坡脚0.5～1m。

第五节　内支撑

1. 项目经理与企业总部签订"工程质量目标责任状"，确保内支撑符合国家质量验收合格标准，争创优良工程，技术资料齐全。

2. 执行终身质量责任制。项目经理部各管理人员承担相应的责任，该责任具有终身制，即责任人对工程承担历史责任。

3. 执行"质量决定权"制度，即行使质量否决权、质量控制权、停工权、返工权、奖惩权。

4. 施工组织设计，强化分部分项工程施工方案的编制与审批制度，确定质量控制点，见表4-3和表4-4。

表4-3　钢筋质量控制点

分项工程	质量控制点
钢筋的检验	进场钢筋的外观及随车文件检查，见证取样送检
钢筋的成型	形状、尺寸
钢筋的绑扎	搭接，锚固，送、缺扣，骨架宽高，钢筋间距、排距
钢筋的焊接	外观，力学性能检测，轴线偏、弯折

表4-4　模板质量控制点

分项工程	质量控制点
模板的制作	材料选用、下料、拼装
模板的安装	刚度、强度、稳定性、成型尺寸、梁柱节点
模板的拆除	混凝土强度、拆模顺序、模板修整

5. 执行材料构（配）件试（检）验制度；计量器具核准制度；对进场材料构（配）

件，一要有质保书，二要及时按规定取样复试，防止不合格材料用到工程上。施工所有计量器具必须是有效期内的合格器具，如钢尺、测量仪器、安全仪表等，均应送检合格。

6. 严格技术交底制度。以分项工程为对象，制定高于国家标准的内控工艺质量标准，分级进行全面技术交底，切实做到：施工按规范，操作按规程，验收按标准。

7. 加强技术复核制度。严把施工质量关，确保轴线位移、垂直偏差、标高误差、预埋件位置、预留洞口等几何尺寸始终控制在允许偏差内。

8. 认真执行隐蔽工程验收制度。以"保证项目"为重点，以图纸及其他有效设计文件为依据，以规范为标准，监理参加，严格手续，确保结构质量。

9. 严格质量检查与评定制度。认真贯彻过程控制的"三检"制，即自检、互检、交接检制度，严格内控质量标准，挤水分、上等级、达标准。

10. 认真实施工程技术档案制度。各类技术资料，如工程管理资料、质量保证资料、安全管理资料等坚持以当地建设主管部门的统一表格与模式，坚持与工程进度同步进行，做到建档及时、内容齐全、表述规范、手续齐备、归档完整。

11. 严格成品制度。制订并落实成品监护责任，特别应注意在安装、装饰阶段不同工种、不同分包单位之间的协调与成品、半成品保护，总包单位要从道德意识教育、行政纪律、经济处罚、技术措施等方面加大成品保护力度。

12. 建立相应奖惩体系，以保证工期和质量。

13. 物资部派专人监管商品混凝土的质量（尤其是外加剂的掺量）。

14. 工长要注意土体及地下水的变化情况，遇有异常情况及时上报。

15. 浇筑混凝土时工长安排专人观察模板的变形，以防胀模、漏浆。

16. 施工时挖土机械和重车不得直接压在支撑梁上，不得碰撞支撑梁、柱。若支撑梁必须临时行车，应先计算支撑梁稳定性，复核安全后，将梁两侧的土垫高，上铺钢板，以利于挖土机械和重车临时通过。

17. 除继续做好基坑侧壁、基坑外面建筑物、水位观测外，每天增加上、下午各一次水平支撑梁的变形观测，及时上报技术部，遇异常情况，以便及时处理。

18. 钢支撑质量标准与控制

1）支撑系统所用钢材的材质应符合现行国家标准《钢结构工程施工质量验收标准》（GB 50205—2020）的要求。

2）钢支撑系统工程质量检验标准应符合规范的规定。

3）质量控制。掌握开挖及支撑设置的方式、预应力及周围环境保护的要求。

（1）施工前应熟悉支撑系统的图纸及各种计算工况；

（2）施工过程中应严格控制开挖和支撑的程序和时间，对支撑的位置（包括立柱及立柱桩的位置）、每层开挖深度、预加顶力（如需要时）、钢围檩与支护体或支撑与围檩的密贴度应做周密检查；

（3）型钢支撑安装时，必须严格控制平面位置和高程，以确保支撑系统安装符合设计要求；

（4）应严格控制支撑系统的焊接质量，确保杆件连接强度符合设计要求；

（5）支护结构出现渗水、流砂或开挖面以下冒水，应及时采取止水堵漏措施，土方开挖应均衡进行，以确保支撑系统稳定；

（6）施工中应加强监测，做好信息反馈，出现问题及时处理。全部支撑安装结束后，需维持整个系统的安全可靠，直至支撑全部拆除；

（7）密切关注支撑的受力情况，并由监测小组进行轴力监测，若超出设计值，立即停止施工并通知设计及相关部门对异常情况进行分析，制订解决方案，待方案确定后及时组织实施，确保基坑安全。

第六节　高压喷射注浆（旋喷桩）

1. 正式施工前，应进行试桩，验证水泥浆水胶比、下钻与提升搅拌速度、注浆压力等。搅拌喷浆前，先在地表进行射水试验，待气、浆压正常后，才能下注浆管施工。

2. 高喷施工时隔两孔施工，防止相邻高喷孔施工时串浆。相邻的旋喷桩施工时间间隔不少于48h。

3. 采用42.5级普通硅酸盐水泥作加固材料，每批水泥进场必须出具合格证明，并按每批次现场抽样外检，合格后才能投入使用。施工中所有计量工具均应进行鉴定，水泥进场后，应垫高水泥台，覆盖防雨布，防止水泥受潮结块。

4. 浆液水灰比、浆液相对密度、每米桩体掺入水泥质量等参数均以现场试桩情况为准。施工现场配备比重计，每天量测浆液相对密度，严格控制水泥用量。运灰小车及搅拌桶均做明显标记，以确保浆液配合比的正确性。灰浆搅拌应均匀，并进行过滤。喷浆过程中浆液应连续搅动，防止水泥沉淀。

5. 施工前进行成桩试验，由设计单位、业主、监理单位、施工单位共同确定旋喷桩施工参数，保证成桩直径不小于设计桩径。

6. 严格控制喷浆提升速度，其提升速度应小于0.20m/min。喷浆过程应连续均匀，若喷浆过程中出压力骤然上升或下降，大量冒浆、串浆等异常情况，应及时提钻出地表排除故障后，复喷接桩时应加深0.3m重复喷射接桩，防止出现断桩。

7. 高喷孔喷射成桩结束后，应采用含水泥浆较多的孔口返浆回灌，防止因浆液凝固后体积收缩，桩顶面下降，以保证桩顶标高满足设计要求。

8. 因地下孔隙等原因造成返浆不正常，漏浆时，应停止提升，用水泥浆灌注，直至返浆正常后才能提升。

9. 引孔钻孔施工时应及时调整桩机水平，防止因机械振动或地面湿陷造成钻孔垂直度偏差过大。为保证顺利安放注浆管，引孔直径采用150mm成孔。穿过砂层时，采用浓泥浆护壁成孔，必要时可下套管护壁，以防垮孔。

10. 实行施工员随班作业制，施工员必须时刻注意检查浆液初凝时间、注浆流量、风量、压力、旋转提升速度等参数是否满足设计要求，及时发现和处理施工中的质量隐患。当实际孔位孔深和每个钻孔内的地下障碍物、洞穴、涌水、漏水及与工程地质报告不符等情况时，应详细记录，认真如实填写施工报表，客观反映施工实际情况。

11. 根据地质条件的变化情况及时调整施工工艺参数，以确保桩的施工质量。调整参数前应及时向业主、监理部门、设计部门报告，经同意后调整。

12. 配备备用发电机组。旋喷桩施工时，进入旋喷作业则应连续施工。若施工过程中停电时间过长，则启用备用发电机，保证施工正常进行。

13. 施工现场配备常用机械设备配件，保证机械设备发生故障时，能够及时抢修。

第七节　钢板桩与钢筋混凝土板桩

1. 建立健全质量安全管理网络，分工明确，责任到人，及时发现和清除各种质量安全隐患，防患于未然。项目经理为质量第一负责人，任命 1~2 名合适的有资格人员负责质量管理方面的工作，并保持与设计施工等各方面有效协调。

2. 各种原材料、半成品严格按质量要求进行采购。钢板桩送到现场后，应及时检查、分类、编号，钢板桩锁口应以一块长 1.5~2.0m 标准钢板桩进行滑动检查，凡锁口不合格者应进行修正合格后方能使用。

3. 使用新钢板桩时，要有其机械性能和化学成分的出厂证明文件，并详细丈量尺寸，检验是否符合要求。

4. 在拼接钢板桩时，两端钢板桩要对正顶紧夹持于牢固的夹具内施焊，要求两钢板桩端头间缝隙不大于 3mm，断面上的错位不大于 2mm。

5. 对组拼的钢板桩两端要平齐，误差不大于 3mm，钢板桩组上下一致，误差不大于 30mm，全部的锁口均要涂防水混合材料，使锁口嵌缝严密。

6. 为保证插桩顺利合拢，要求桩身垂直，并且围堰周边的钢板数要均分。在施工中加强测量工作，发现倾斜，及时调整，使每组钢板桩在顺围堰周边方向及其垂直方向的倾斜度均不大于 5‰。同时，为使围堰周边能为钢板桩数所均分，事先在围堰导梁上按钢板桩组的实际宽度画出各组钢板桩的位置，使宽度误差分散，并在插桩时，据此调整钢板桩的平面位置，使误差不大于 ±15mm。当调整有困难时，将合拢口两边各几组钢板桩不插到施工所需标高，在悬挂状态下进行调整。在无法顺利合拢时，根据合拢口的实际尺寸制造异型钢板桩，采用连接件法、骑缝搭接法、轴线调整法、反扣补桩、大锁扣扣打等辅助措施密封合拢。

7. 使用拼接接长的钢板桩时，钢板桩的拼接接头不能在围堰的同一断面上，而且相邻桩的接头上下错开至少 2m，所以，在组拼钢板桩时要预先配桩，在运输、存放时，按插桩顺利堆码，插桩时按规定的顺序吊插。

8. 在进行钢板桩的插打时，当钢板桩的垂直度较好时，一次将桩打到要求深度；当垂直度较差时，要分两次进行施打，即先将所有的桩打入约一半深度后，再打到要求深度。

9. 钢板桩围堰在基坑开挖使用过程中，钢板桩锁口漏水，在围堰外撒大量细炉渣、木屑、谷糠等细物，借漏水的吸力附于锁口内堵水，或者在围堰内用板条、棉絮等入锁口内嵌缝。撒炉渣等物堵漏时，要考虑漏水、掉土的方向并尽量接近漏缝，漏缝较深时，用袋装下放到漏缝附近处徐徐倒撒。同时，当围堰内开挖至各层支撑围檩处，逐层将围檩与钢板桩之间的缝隙用混凝土浇筑密实，使围檩受力均匀。

10. 板桩施工时常见问题与处理方法

（1）打桩阻力过大不易贯入

这由两种原因引起：一是钢板桩连接锁口变形、锈蚀，使钢板桩不能顺利沿锁口而下，对此应在打桩前对钢板桩桩体及锁口进行检查与处理；二是在坚实的砂层中打桩，桩的阻力过大，对此，应对地质情况做详细分析，研究贯入的可能性，可采取在沉桩同时注水助沉的方法。

（2）板桩向行进方向扇形倾斜

采用"屏风法沉桩工艺"后这种倾斜会大大减少。板桩入土过程中，因与前一板桩的锁口连接处的阻力大于另一侧空锁口处周围土体对桩的阻力，使得板桩头部向行进方向位移。对此，要注意保证钢板桩锁口通畅，另外，在锁口内涂抹油脂，以减少锁口阻力，同时在施工围檩上采取加设钢板桩"定位器"，限制钢板桩头部向行进方向位移。当钢板桩墙体扇形倾斜已经形成后，要尽早调整，可根据实测的倾斜数据特别制作一根上、下宽度不一（上窄下宽）的楔形桩（千万注意调整该桩及锁口的顺直与通顺）给予纠正。

（3）将相邻板桩带入

主要原因乃是连接锁口处阻力太大，采取（2）所述的相应措施，可改善"邻桩带入"情况。一旦出现邻桩带入趋势，要将会被带入的桩与其他已打好的桩用电焊相连，防止带下。

（4）桩身扭转

因钢板桩锁口是铰式连接，在下插和锤击时会产生扭转位移，必须及时制止与纠正，否则会使板桩墙中心轴线偏斜。为了阻止桩身扭转，可在打桩行进方向的围檩上安装"限位器"与围檩一起组成限位，以锁住正在沉入的钢板桩的另一安装侧锁口的位置。注意该"限位器"与围檩搭接牢固，"限位器"的缺口槽内及时涂抹油脂，以利桩体下沉。

（5）锁口渗水

钢板桩墙体形成后，锁口铰接处会有少许渗漏，这对抗渗漏要求较高的永久性结构是不允许的。一般在沉桩前，在锁口内嵌填黄油、沥青、干锯末的混合油脂3种材料，体积相等，抗渗效果较好，也有利于板桩的打入。近年来，在船坞钢板桩墙体施工时，在锁口内嵌填聚氨酯类遇水膨胀腻子，抗渗效果很好。

（6）锁口脱开

钢板桩锁口受损，打桩过程中遇到障碍仍然硬打，均会造成锁口脱开。因此，施工前对锁口的逐一检查必须严格执行。打桩受阻时一定要搞清受阻原因，不能硬打。另外，在"屏风法"工艺送桩时，会产生桩体相互挤压而造成锁口脱开，可在"屏风法"送桩前拆除末端钢板桩的限位，以及Z形组合桩加固板、钳口板，以释放板桩墙的挤压力。

（7）拔桩困难

临时钢板桩结构拔除时，产生拔桩困难，主要是锁口锈蚀变形，钢板桩插入硬土等原因造成，因此，打桩时注意钢板桩及锁口顺直、通畅，锁口内涂抹黄油，乃是保证拔桩顺利的主要措施。另外，打桩时若采取组合桩打桩，要留有组合桩的编号与位置，打桩时采取桩体之间焊接措施的，也要记录在案，供拔桩时对照。拔除墙体第一根桩时均要避开上述有相互联系的桩体。一旦第一根桩被拔出，因少了一侧的锁口阻力，以后的拔桩将会较顺利。拔桩前根据地质资料及打桩时的易难程度估算拔桩力，选用相应的拔桩机械（振动锤）与辅助设备。首根桩一般较难拔，可先用锤打击几下，使得锁口间出现松动，也可在板桩的两侧先振插一根钢管以注水注气，破坏土体对被拔桩的侧压力，采取上述措施后，桩体一般均能被拔出。

第八节　型钢水泥土搅拌桩

1. 型钢水泥土搅拌桩施工前，应掌握下列周边环境资料：

(1) 邻近建（构）筑物的结构、基础形式及现状。

(2) 被保护建（构）筑物的保护要求。

(3) 邻近管线的位置、类型、材质、使用状况及保护要求。

2. 搅拌桩施工之前应进行成桩工艺及水泥掺入量或水泥浆的配合比试验，水泥搅拌桩水泥掺入量为20%；要求其28d无侧限抗压强度不小于1.2MPa；水泥采用强度等级为42.5级普通硅酸盐水泥。

3. 对环境保护要求高的基坑工程，宜选择挤土量小的搅拌机头，并应通过试成桩及其监测结果调整施工参数。当邻近有保护对象时，搅拌下沉速度宜控制在0.5～0.8m/min，提升速度宜控制在1m/min内；喷浆压力不宜大于0.8MPa。

4. 搅拌桩水泥土块试压强度测定：试块每天每200m³制作一次，每次制作2组，每组3块。试块制作完成，3d后送养护室养护。

5. 搅拌桩应在施工后一周内进行开挖检查或采用钻孔取芯等手段检查成桩质量，如不符合设计要求，应及时调整施工工艺。应根据设计要求取样进行单轴抗压强度试验。

6. 土体应充分搅拌，严格控制下沉速度，使原状土充分破碎以利同水泥浆液均匀拌和。同时为了减少对周边地层影响，搅拌时可接入压缩空气进行充分搅拌。

7. 浆液不能发生离析，水泥浆液应严格按预定配合比制作，为防止灰浆离析，放浆前必须搅拌30s再倒入存浆桶。

8. 施工中产生的水泥土浆，可集积在导向沟或现场临时设置的沟槽内，待自然固结后方可外运。

9. 压浆阶段不允许发生断浆现象，输浆管道不能堵塞，全桩须注浆均匀，不得发生夹芯层。发现管道堵塞，立即停泵进行处理。待处理结束后立即把搅拌钻具上提或下沉1.0m后方能注浆，待10～20s后恢复正常搅拌，以防断桩。

10. 严格控制桩与桩搭接施工操作，及时检查，特别是转角处应认真把关，确保桩与桩搭接距离为20cm，确保套打的成功套孔，搭接时间不得超过12h，若超过12h，则应采取补桩或超额注浆搅拌的办法予以补救。

11. H型钢要确保垂直度和平整度，不允许出现扭曲现象，插入时要保证垂直度偏差不大于0.3%。插入H型钢时若有接头，接头应位于开挖面以下，且相邻两根H型钢接头应错开1m以上。

12. 对需拔出回收的H型钢，插入前须涂减摩剂，型钢拔出后应及时用水泥砂浆灌注密实，水泥砂浆比率为1：2。

13. 周边环境条件复杂、支护要求高的基坑工程，型钢不宜回收。

14. 对需回收型钢的工程，型钢拔出后留下的空隙应及时注浆填充，并应编制包括浆液配合比、注浆工艺、拔除顺序等内容的专项方案。

15. 在整个施工过程中，应对周边环境及基坑支护体系进行监测。

第九节 重力式水泥土挡土墙

1. 施工中质量重点控制要点

（1）定位偏差：偏差＜5cm。

（2）桩身垂直度：垂直度≤1%。

（3）喷浆搅拌速度：v≤0.5m/min。

（4）桩身地表下5m范围内必须再重复搅拌一次，使水泥和地基土均匀拌合。

（5）施工中电流表变化以不超过70A为宜。

2. 对部分超深桩采取的措施

（1）根据设计有效桩长、桩底标高调整桩架高度以满足施工需要。

（2）根据地质资料，了解打桩段土层情况；根据以往施工经验，更换电机，增大功率，使深层搅拌桩机能顺利切入土中，并达到桩底设计标高。

（3）对桩深超过18m的部位，在喷浆过程中密切观察流量变化情况，保证喷浆量和喷浆的部位符合要求。

3. 其他原则

（1）搅拌桩要穿透软土层到达强度相对较高的持力层，持力层深度除根据地质资料外，还应根据下钻时电流表的读数来确定，当下钻时电流表的读数明显上升，说明已进入硬土层，当电流表上升到一个较大数值且进入硬土层深度达0.5m以上时则说明已进入持力层。

（2）搅拌桩的施工必须连续，若成桩过程中遇有故障而停止喷浆，其喷粉重叠长度不得小于1.0m。

（3）水厂管线处施工搅拌桩，应注意距离已有管线不小于2.0m，并注意保护管线。

（4）凡施工桩长与设计桩长不符，必须如实记录并经驻地监理签认后报指挥部认可。如出现大量桩长不符，应报指挥部确定是否需要设计变更。

（5）复搅深度原则上应贯通全桩长，施工中发现不能全桩长复搅，报监理，经监理同意后可根据实际情况或电流值变化情况确定复搅长度。

（6）若发生"空洞"情况时，应立即用素土回填"空洞"，重新下钻喷浆进行接桩处理，重叠长度不小于1.0m，直至成桩为止。

（7）施工完必须养护一个月，达到设计强度后才能填筑路基或施工构造物，以免影响软土地基处理效果。

第五章　质量检查与验收

第一节　地下连续墙

1. 地下连续墙均应设置导墙，导墙形式有预制及现浇两种，现浇导墙形状有 L 形或倒 L 形，可根据不同土质选用。

2. 地下连续墙施工前宜先试成槽，以检验泥浆配合比、成槽机的选型并可复核地质资料。

3. 作为永久结构的地下连续墙，其抗渗质量可按现行国家标准《地下防水工程质量验收规范》（GB 50208—2011）执行。

4. 地下连续墙槽段间的连接接头形式，应根据地下连续墙的使用要求选型，且应考虑施工单位的经验，无论选用何种接头，在浇筑混凝土前，接头处必须刷洗干净，不留任何泥沙或污物。

5. 地下连续墙与地下室结构顶板、楼板、底板及梁之间连接可预埋钢筋或接驳器（锥螺纹或直螺纹），对接驳器也应按原材料检验要求，抽样复验。数量每 500 套为一个检验批，每批应抽查 3 件，复验内容为外观、尺寸、抗拉试验等。

6. 施工前应检验进场的钢材、电焊条。已完工的导墙应检查其净空尺寸、墙面平整度与垂直度。检查泥浆用的仪器，泥浆循环系统应完好。地下连续墙应用商品混凝土。

7. 施工中应检查成槽的垂直度、槽底的淤积物厚度、泥浆相对密度、钢筋笼尺寸、浇筑导管位置、混凝土上升速度、浇筑面标高、地下连续墙连接面的清洗程度、商品混凝土的坍落度、锁口管或接头箱的拔出时间及速度等。

8. 成槽结束后应对成槽的宽度、深度及倾斜度进行检验，重要结构每槽段都应检查，一般结构可抽查总槽段数的 20%，每槽段应检查一个段面。

9. 永久性结构的地下连续墙，在钢筋笼沉放后，应做二次清孔，沉渣厚度应符合要求。

10. 每 50m³ 地下连续墙应做 1 组强度试件，每幅槽段不得少于 1 组，在强度满足设计要求后方可开挖土方。有抗渗要求时，每 500m³ 混凝土还应留置抗渗试件，永久地下连续墙每 5 个槽段还应留置一组抗渗试件。

11. 作为永久性结构的地下连续墙，土方开挖后应进行逐段检查，钢筋混凝土底板也应符合现行国家标准《混凝土结构工程施工质量验收规范》（GB 50204—2015）的规定。

12. 地下连续墙钢筋笼质量检验标准应符合表 5-1 的规定；其他质量检验标准应符合表 5-2 的规定。

表 5-1 地下连续墙钢筋笼质量检验标准（mm）

项目	序号	检查项目	允许偏差或允许值	检查方法
主控项目	1	主筋间距	±10	用钢尺量
	2	长度	±100	用钢尺量
一般项目	1	钢筋材质检验	设计要求	抽样送检
	2	箍筋间距	±20	用钢尺量
	3	直径	±10	用钢尺量

表 5-2 地下连续墙其他质量检验标准（mm）

项目	序号	检查项目		允许偏差或允许值		检查方法
				单位	数值	
主控项目	1	墙体强度		设计要求		查试件记录或取芯试压
	2	垂直度 永久结构 临时结构			1/300 1/150	用声波测槽仪或成槽机上的检测系统测
一般项目	1	导墙尺寸	宽度	mm	W+40	用钢尺量，W 为地下连续墙设计厚度
			墙面平整度		<5	用钢尺量
			导墙平面位置		±10	用钢尺量
	2	沉渣厚度：永久结构 临时结构		mm	≤100 ≤200	用重锤或沉积物测定仪测
	3	槽深		mm	+100	用重锤测
	4	混凝土坍落度		mm	180～220	用坍落度测定器测
	5	钢筋笼尺寸		设计要求		用钢尺或皮尺量
	6	地下连续墙表面平整度	永久结构 临时结构 插入式结构	mm	<100 <150 <20	此为均匀黏土层，松散及易塌土层由设计决定
	7	永久结构时的预埋件位置	水平向 垂直向	mm	≤10 ≤20	用钢尺量 用水准仪测

第二节 锚 杆

1. 一般规定

1）岩土锚固与喷射混凝土支护工程施工过程及竣工后，应按设计要求和质量合格条件的分部分项进行质量检验和验收。

2）工程施工中对检验出不合格的预应力锚杆或喷射混凝土面层应根据不同情况分别采取增补、更换或修复的方法处治。

2. 质量检验与验收标准

1）原材料及产品质量检验应包括下列内容：

（1）出厂合格证检查；

（2）现场抽检试验报告检查；

（3）锚杆浆体强度、喷射混凝土强度检验。

2）预应力锚杆的受拉承载力检验及喷射混凝土抗压强度与粘结强度检验应符合规范规定。

3）锚杆工程质量检查与验收标准应符合表5-3的规定。

表5-3　锚杆工程质量检查与验收标准

项目	序号	检验项目		允许偏差或允许值	检查方法
主控项目	1	杆体长度（mm）		＋100～－30	用钢尺量 无损检查
	2	预应力锚杆承载力极限值（kN）		符合验收标准	现场试验
	3	预应力锚杆预加力（锁定荷载）变化（kN）		符合规范要求	测力计量测
	4	锚固结构物的变形		符合设计要求	现场量测
一般项目	1	锚杆位置（mm）		±100	用钢尺量
	2	钻孔直径（mm）		±10（设计直径＞60） ±5（设计直径＜60）	用卡尺量
	3	钻孔倾斜度（mm）		2％钻孔长	现场测量
	4	注浆量		不小于理论计算浆量	
	5	浆体强度		达到设计要求	试样送检
	6	杆体插入钻孔长度	预应力锚杆	不小于设计长度的97％	用钢尺量
			非预应力锚杆	不小于设计长度的98％	

4）喷射混凝土工程质量检查与验收标准应符合表5-4的规定，厚度的检查应符合下列规定：

（1）控制喷层厚度应预埋厚度钉、喷射线，喷射混凝土厚度应采用钻孔法检查；

（2）喷层厚度检查点密度：结构性喷层为100m²/个，防护性喷层为400m²/个，隧洞拱部喷层为50～80m²/个；

（3）喷层厚度合格条件：用钻孔法检查的所有点中应有60％的喷层厚度不小于设计厚度，最小值不应小于设计厚度的60％，检查孔处喷层厚度的平均值不应小于设计厚度。

表5-4　喷射混凝土工程质量检查与验收标准

项目	序号	检验项目	允许偏差或允许值	检查方法
主控项目	1	配合比	达到设计强度要求	现场称重
	2	喷射混凝土抗压强度（kPa）	达到设计要求	根据规范规定
	3	岩石粘结强度	达到设计要求	用锤击法检验
	4	喷射混凝土厚度（mm）	－30（设计厚度≥100） －20（设计厚度＜100）	根据规范规定
一般项目	1	表面质量	密实、平整、无裂缝、脱落、漏喷、露筋、空鼓和渗漏水	观察检查

5）锚杆基本试验、验收试验记录及相关报告。

6）喷射混凝土强度（包括喷射混凝土与岩体粘结强度）及厚度的检测记录与报告。

7）设计变更报告。

8）工程重大问题处理文件。

9）监测设计、实施及监测记录与监测结果报告。

10）竣工图。

3. 验收

岩土锚固与喷射混凝土支护工程验收应取得下列资料：

（1）工程勘察及工程设计文件。

（2）工程用原材料的质量合格证和质量鉴定文件。

（3）锚杆喷射混凝土工程施工记录。

第三节 钻孔灌注桩排桩

1. 施工前应对水泥、砂、石子（如现场搅拌）、钢材等原材料进行检查，对施工组织设计中制定的施工顺序、检测手段（包括仪器、方法）也应进行检查。

2. 施工中应对成孔、清渣、放置钢筋笼、灌注混凝土等进行全过程检查，人工挖孔桩尚应复验孔底持力层土（岩）性。嵌岩桩必须有桩端持力层的岩性报告。

3. 施工结束后，应检查混凝土强度。并应做桩体质量及承载力的检验。

4. 混凝土灌注桩的质量检验标准应符合表5-5～表5-7的规定。

表 5-5 混凝土灌注桩钢筋笼质量检验标准（mm）

项目	序号	检查项目	允许偏差或允许值	检查方法
主控项目	1	主筋间距	±10	用钢尺量
	2	长度	±100	用钢尺量
一般项目	1	钢筋材质检验	设计要求	抽样送检
	2	箍筋间距	±20	用钢尺量
	3	直径	±10	用钢尺量

表 5-6 混凝土灌注桩质量检验标准

项目	序号	检查项目	允许偏差或允许值		检查方法
			单位	数值	
主控项目	1	桩位	见表5-7		基坑开挖前量护筒，开挖后量桩中心线
	2	孔深	mm	+300	只深不浅，用重锤测，或测钻杆、套管长度，嵌岩桩应确保进入设计要求的嵌岩深度
	3	桩体质量检验	按基桩检测技术规范。如钻芯取样，大直径嵌岩桩应钻至桩尖下50cm		按基桩检测技术规范
	4	混凝土强度	设计要求		试件报告或钻芯取样送检
	5	承载力	按基桩检测技术规范		按基桩检测技术规范

续表

项目	序号	检查项目	允许偏差或允许值		检查方法
			单位	数值	
一般项目	1	垂直度	见表5-7		测套管或钻杆，或用超声波探测，施工时吊垂球
	2	桩径	见表5-7		井径仪或超声波检测，于施工时用钢尺量，人工挖孔桩不包括内衬厚度
	3	泥浆相对密度（黏土或砂性土中）	1.15～1.20		用比重计测，清孔后在距孔底50cm处取样
一般项目	4	泥浆面标高（高于地下水位）	m	0.5～1.0	目测
	5	沉渣厚度：端承桩摩擦桩	mm	≤50 ≤150	用沉渣仪或重锤测量
	6	混凝土坍落度：水下灌注施工	mm	160～220 70～100	用坍落度仪测
	7	钢筋笼安装深度	mm	±100	用钢尺量
	8	混凝土充盈系数	＞1		检查每根桩的实际灌注量
	9	桩顶标高	mm	+30 −50	用水准仪测，需扣除桩顶浮浆层及劣质桩体

表5-7 灌注桩的平面位置和垂直度的允许偏差

序号	成孔方法		桩径允许偏差（mm）	垂直度允许偏差（%）	桩位允许偏差（mm）	
					1～3根、单排桩基垂直于中心线方向的群桩基的边桩	条形桩基沿中心线方向和群桩基的中间桩
1	泥浆护壁钻孔桩	$D≤1000mm$	±50	＜1	$D/6$，且不大于100	$D/4$，且不大于150
		$D＞1000mm$	±50		100+0.01H	150+0.01H
2	套管成孔灌注桩	$D≤500mm$	−20	＜1	70	150
		$D＞500mm$			100	150
3	干成孔灌注桩		−20	＜1	70	150
4	人工挖孔桩	混凝土护壁	+50	＜0.5	50	150
		钢套管护壁	+50	＜1	100	200

注：1. 桩径允许偏差的负值是指个别断面。

2. 采用复打、反插法施工的桩，其桩径允许偏差不受本表限制。

3. H 为施工现场地面标高与桩顶设计标高的距离（mm），D 为设计桩径（mm）。

4. 人工挖孔桩、嵌岩桩的质量检验应按本章节执行。

第四节 土 钉

1. 土钉支护施工应在监理的参与下进行。施工监理的主要任务是随时观察和检查施工过程，根据设计要求进行质量检查，并最终参与工程的验收。

2. 土钉支护施工所用原材料（水泥、砂石、混凝土外加剂、钢筋等）的质量要求以及各种材料性能的测定，均应以现行的国家标准为依据。

3. 支护的施工单位应按施工进程及时向施工监理和工程的发包方提供以下资料：

（1）工程调查与工程地质勘察报告及周围的建筑物、构筑物、道路、管线图。

（2）初步设计施工图。

（3）各种原材料的出厂合格证及材料试验报告。

（4）工程开挖记录。

（5）钻孔记录（钻孔尺寸误差、孔壁质量及钻取土样特征等）。

（6）注浆记录及浆体的试件强度试验报告等。

（7）喷射混凝土记录（面层厚度检测数据、混凝土试件强度试验报告等）。

（8）设计变更报告及重大问题处理文件、反馈设计图。

（9）土钉抗拔测试报告。

（10）支护位移、沉降及周围地表、地物等各项监测内容的量测记录与观察报告。

4. 支护工程竣工后，应由工程发包单位、监理和支护的施工单位共同按设计要求进行工程质量验收，认定合格后予以签字。工程验收时，支护施工单位应提供竣工图以及相关规定所列的全部资料。

5. 在支护竣工后的规定使用期限内，支护施工单位应继续对支护的变形进行监测。

6. 《建筑基坑支护技术规程》（JGJ 120—2012）中对土钉施工与检测的规定如下：

1）土钉墙应按每层土钉及混凝土面层分层设置、分层开挖基坑的步序施工。

2）当有地下水时，对易产生流砂或塌孔的砂土、粉土、碎石土等土层，应通过试验确定土钉施工工艺和措施。

3）钢筋土钉成孔时应符合下列要求：

（1）土钉成孔范围内存在地下管线等设施时，应在查明其位置并避开后，再进行成孔作业；

（2）应根据土层的性状选择洛阳铲、螺旋钻、冲击钻、地质钻等成孔方法，采用的成孔方法应能保证孔壁的稳定性、减小其对孔壁的扰动；

（3）当成孔遇不明障碍物时，应停止成孔作业，在查明障碍物的情况并采取针对性措施后方可继续成孔；

（4）对易塌孔的松散土层宜采用机械成孔工艺；成孔困难时，可采用注入水泥浆等方法进行护壁。

4）钢筋土钉杆体的制作安装应符合下列要求：

（1）钢筋使用前，应调直并清除污锈；

（2）当钢筋需要连接时，宜采用搭接焊、帮条焊；应采用双面焊，双面焊的搭接长度或帮条长度应不小于主筋直径的 5 倍，焊缝高度不应小于主筋直径的 0.3 倍；

（3）对中支架的断面尺寸应符合土钉杆体保护层厚度要求，对中支架可选用直径为 6～8mm 的钢筋焊制；

（4）土钉成孔后应及时插入土钉杆体，遇塌孔、缩径时，应待处理后再插入土钉杆体。

5）钢筋土钉注浆应符合下列规定：

（1）注浆材料可选用水泥浆或水泥砂浆；水泥浆的水灰比宜取 0.5～0.55；水泥砂浆的水灰比宜取 0.40～0.45，同时，灰砂比宜取 0.5～1.0，拌和用砂宜选用中粗砂，按质量计的含泥量不得大于 3%；

（2）水泥浆或水泥砂浆应拌和均匀，一次拌和的水泥浆或水泥砂浆应在初凝前使用；

（3）注浆前应将孔内残留的虚土清除干净；

（4）注浆时，宜采用将注浆管与土钉杆体绑扎，同时插入孔内并由孔底注浆的方式；注浆管端部至孔底的距离不宜大于 200mm；注浆及拔管时，注浆管口应始终埋入注浆液面内，应在新鲜浆液从孔口溢出后停止注浆；注浆后，当浆液液面下降时，应进行补浆。

6）打入式钢管土钉施工应符合下列规定：

（1）钢管端部应制成尖锥状；顶部宜设置防止钢管顶部施打变形的加强构造；

（2）注浆材料应采用水泥浆；水泥浆的水灰比宜取 0.5～0.6；

（3）注浆压力不宜小于 0.6MPa；应在注浆至管顶周围出现返浆后停止注浆；当不出现返浆时，可采用间歇注浆的方法。

7）喷射混凝土面层施工应符合下列规定：

（1）细骨料宜选用中粗砂，含泥量应小于 3%；

（2）粗骨料宜选用粒径不大于 20mm 的级配砾石；

（3）水泥与砂石的重量比宜取 1∶4～1∶4.5，含砂率宜取 45%～55%，水灰比宜取 0.4～0.45；

（4）使用速凝剂等外掺剂时，应做外加剂与水泥的相容性试验及水泥净浆凝结试验，并应通过试验确定外掺剂掺量及掺入方法；

（5）喷射作业应分段依次进行，同一分段内喷射顺序应自下而上均匀喷射，一次喷射厚度宜为 30～80mm；

（6）喷射混凝土时，喷头与土钉墙墙面应保持垂直，其距离宜为 0.6～1.0m；

（7）喷射混凝土终凝 2h 后应及时喷水养护；

（8）钢筋与坡面的间距应大于 20mm；

（9）钢筋网应采用绑扎固定，钢筋连接宜采用搭接焊，焊缝长度不应小于钢筋直径的 10 倍；

（10）采用双层钢筋网时，第二层钢筋网应在第一层钢筋网被喷射混凝土覆盖后铺设。

8）土钉墙的施工偏差应符合下列要求：

（1）钢筋土钉的成孔深度应大于设计深度 0.1m；

（2）土钉位置的允许偏差应为 100mm；

（3）土钉倾角的允许偏差应为 3°；

（4）土钉杆体长度应大于设计长度；

（5）钢筋网间距的允许偏差应为 ±30mm；

（6）微型桩桩位的允许偏差为 50mm；

（7）微型桩垂直度的允许偏差为 0.5%。

9）土钉墙的质量检测应符合下列规定：

（1）应对土钉的抗拔承载力进行检测，抗拔试验可采取逐级加荷法；土钉的检测数量不宜少于土钉总数的 1%，且同一土层中的土钉检测数量不应少于 3 根；试验最大荷载不应小于土钉轴向拉力标准值的 1.1 倍；检测土钉应按随机抽样的原则选取，并应在土钉固结强度达到设计强度的 70% 后进行试验。

（2）土钉墙面层喷射混凝土应进行现场试块强度试验，每 500m² 喷射混凝土面积试验数量不应少于一组，每组试块不应小于 3 个。

（3）应对土钉墙的喷射混凝土面层厚度进行检测，每 500m² 喷射混凝土面积检测数量不应少于一组，每组检测点不应少于 3 个；全部检测点的面层厚度平均值不应小于厚度设计值，最小厚度不应小于厚度设计值的 80%。

（4）复合土钉墙的预应力锚杆，按规范规定进行抗拔承载力检测。

（5）复合土钉墙的水泥土搅拌桩或旋喷桩用作帷幕时，按规范规定进行质量检测。

7. 锚杆及土钉墙支护工程质量检验标准应符合表 5-8 的规定。

表 5-8　锚杆及土钉墙支护工程质量检验标准

项目	序号	检查项目	允许偏差或允许值		检查方法
			单位	数值	
主控项目	1	锚杆土钉长度	mm	±30	用钢尺量
	2	锚杆锁定力	设计要求		现场实测
一般项目	1	锚杆或土钉位置	mm	±100	用钢尺量
	2	钻孔倾斜度	°	±1	测钻机倾角
	3	浆体强度	设计要求		设计要求
	4	注浆量	大于理论计算浆量		检查计量数据
	5	土钉墙面厚度	mm	±10	用钢尺量
	6	墙体强度	设计要求		试样送检

第五节　内支撑

1. 内支撑结构的施工与拆除顺序，应与设计工况一致，必须遵循先支撑后开挖的原则。

2. 混凝土支撑的施工应符合现行国家标准《混凝土结构工程施工质量验收规范》（GB 50204—2015）的规定。

3. 混凝土腰梁施工前应将排桩、地下连续墙等挡土构件的连接表面清理干净，混凝土腰梁应与挡土构件紧密接触，不得留有缝隙。

4. 钢支撑的安装应符合现行国家标准《钢结构工程施工质量验收标准》（GB 50205—2020）的规定。

5. 钢腰梁与排桩、地下连续墙等挡土构件间隙的宽度宜小于 10mm，并应在钢腰梁安装定位后，用强度等级不低于 C30 的细石混凝土填充密实。

6. 对预加轴向压力的钢支撑，施加预压力时应符合下列要求：

（1）对支撑施加压力的千斤顶应有可靠、准确的计量装置。

（2）千斤顶压力的合力点应与支撑轴线重合，千斤顶应在支撑轴线两侧对称、等距放置，且应同步施加压力。

（3）千斤顶的压力应分级施加，施加每级压力后应保持压力稳定 10min 后，方可施加下一级压力；预压力加至设计规定值后，应在压力稳定 10min 后，方可按设计预压力值进行锁定。

（4）支撑施加压力过程中，当出现焊点开裂、局部压曲等异常情况时，应卸除压力，在对支撑的薄弱处进行加固后，方可继续施加压力。

（5）当监测的支撑压力出现损失时，应再次施加预压力。

7. 对钢支撑，当夏季施工产生较大温度应力时，应及时采取降温措施。当冬期施工降温产生的收缩使支撑端头出现空隙时，应及时用铁楔将空隙塞紧。

8. 支撑拆除应在替换支撑的结构构件达到换撑要求的承载力后进行。当主体结构底板和楼板分块浇筑或设置后浇带时，应在分块部位或后浇带处设置可靠的传力构件。支撑的拆除应根据支撑材料、形式、尺寸等具体情况采用人工、机械和爆破等方法。

9. 立柱的施工应符合下列要求：

（1）立柱桩混凝土的浇筑面宜高于设计桩顶 500mm。

（2）采用钢立柱时，立柱周围的空隙应用碎石回填密实，并宜辅以注浆措施。

（3）立柱的定位和垂直度宜采用专门措施进行控制，对格构柱、H 型钢柱，尚应同时控制方向偏差。

10. 内支撑的施工偏差应符合下列要求。

（1）支撑标高的允许偏差应为 30mm。

（2）支撑水平位置的允许偏差应为 30mm。

（3）临时立柱平面位置的允许偏差应为 50mm，垂直度的允许偏差应为 1/150。

（4）立柱用作主体结构构件时，立柱平面位置的允许偏差应为 10mm，垂直度的允许偏差应为 1/300。

11. 钢及混凝土支撑系统工程质量检验标准应符合表 5-9 的规定。

表 5-9　钢及混凝土支撑系统工程质量检验标准

项目	序号	检查项目	允许偏差或允许值		检查方法
			单位	数值	
主控项目	1	支撑位置：标高平面	mm	30 100	水准仪 用钢尺量
	2	预加顶力	kN	±50	油泵读数或传感器
一般项目	1	围檩标高	mm	30	水准仪
	2	立柱桩	mm	50 190	测套管、钻杆或超声波井径仪、超声波或用钢尺量
	3	立柱位置：标高平面	mm	30 50	水准仪 用钢尺量
	4	开挖超深（开槽放支撑不在此范围）	mm	<200	水准仪
	5	支撑安装时间	设计要求		用钟表估测

第六节 高压喷射注浆（旋喷桩）

1. 在施工前对原材料、机械设备及喷射工艺等进行检查，主要有以下几方面：

（1）原材料（包括水泥、掺合料及速凝剂、悬浮剂等外加剂）的质量合格证及复验报告，拌和用水的鉴定结果；

（2）浆液配合比是否适合工程实际土质条件；

（3）机械设备是否正常，在施工前应对高压旋喷设备、地质钻机、高压泥浆泵、水泵等作试机运行，同时确保钻杆（特别是多重钻杆）、钻头及导流器畅通无阻；

（4）检查喷射工艺是否适合地质条件，在施工前也应作工艺试喷，试喷在原桩位位置试喷，试喷桩孔数量不得少于2孔，必要时调整喷射工艺参数；

（5）施工前还应对地下障碍情况统一排查，以保证钻进及喷射达到设计要求；

（6）施工前检查桩位、压力表、流量表的精度和灵敏度。

2. 施工中应检查施工参数（压力、水泥浆量、提升速度、旋转速度等）及施工程序。施工中重点检查内容有以下几点，检查标准与方法见表5-10：

（1）钻杆的垂直度及钻头定位；

（2）水泥浆液配合比及材料称量；

（3）钻机转速、沉钻速度、提钻速度及旋转速度等；

（4）喷射注浆时喷浆（喷水、喷气）的压力、注浆速度及注浆量；

（5）孔位处的冒浆状况；

（6）喷嘴下沉标高及注浆管分段提升时的搭接长度；

（7）施工记录是否完备，施工记录应在每提升1m或土层变化交界处记录一次压力流量数据。

表 5-10 高压喷射注浆施工技术检查表

序号	项 目 名 称	技 术 标 准	检查方法
1	钻孔垂直度允许偏差	≤1.5%	实测或经纬仪测钻杆
2	钻孔位置允许偏差	50mm	尺量
3	钻孔深度允许偏差	±200mm	尺量
4	桩体直径允许偏差	≤50mm	开挖后尺量
5	桩身中心允许偏差	≤0.2D	开挖桩顶下500mm处用尺量，D为设计桩径
6	水泥浆液初凝时间	不超过20h	
7	水泥土强度	q_u (28) ≥1.2MPa	取芯检验
8	水灰比	1:1	试验检验

3. 施工结束后，应检查桩体强度、平均直径、桩身中心位置、桩体质量及承载力等。施工后应对加固土体进行检查，包括：

（1）固结土体的整体性及均匀性；

（2）固结土体的有效直径；

（3）固结土体的强度、平均直径、桩身中心位置；

（4）固结土体的抗渗性。

4. 高压喷射注浆可根据工程要求和当地经验采用开挖检查、取芯（常规取芯或软取芯）、标准贯入试验、载荷试验或围井注水试验等方法进行检验，并结合工程测试、观测资料及实际效果综合评价加固效果。

5. 检验点应布置在下列部位：

（1）有代表性的桩位。

（2）施工中出现异常情况的部位。

（3）地基情况复杂，可能对高压喷射注浆质量产生影响的部位。

6. 检验点的数量不少于施工孔数的 2%，并不应少于 6 点。

7. 质量检验宜在高压喷射注浆结束 28d 后进行。

8. 竖向承载旋喷桩地基竣工验收时，承载力检验应采用复合地基载荷试验和单桩载荷试验。

9. 载荷试验必须在桩身强度满足试验条件时，并宜在成桩 28d 后进行。检验数量不少于桩总数的 1%，且每项单体工程不应少于 3 点。

10. 高压喷射注浆地基质量检验标准应符合表 5-11 的规定。

表 5-11　高压喷射注浆地基质量检验标准

项目	序号	检查项目	允许偏差或允许值		检查方法
			单位	数值	
主控项目	1	水泥及外掺剂质量	符合出厂要求		查产品合格证书或抽样送检
	2	水泥用量	设计要求		查看流量表及水泥浆水灰比
	3	桩体强度或完整性检验	设计要求		按规定方法
	4	地基承载力	设计要求		按规定方法
一般项目	1	钻孔位置	mm	≤50	用钢尺量
	2	钻孔垂直度	%	≤1	经纬仪测钻杆或实测
	3	孔深	mm	±200	用钢尺量
	4	注浆压力	按设定参数指标		查看压力表
	5	桩体搭接	mm	>200	用钢尺量
	6	桩体直径	mm	≤50	开挖后用钢尺量
	7	桩身中心		≤0.2D	开挖后桩顶下 500mm 处用钢尺量，D 为桩径

第七节　钢板桩与钢筋混凝土板桩

1. 钢板桩围堰施工检查

新钢板桩验收时，应有出厂合格证。机械性能和尺寸符合要求。经整修或焊接后的钢板桩，应用同类型的钢板桩做锁口通过试验检查。

验收或整修后的钢板桩，应分类编号、登记堆存，搬运和起吊时不得损坏锁口和由于自重而引起残余变形；当吊装设备起吊能力许可时，可将2~3块钢板桩拼为一组并夹牢后起吊。钢板桩接长应等强度焊接。

2. 插打钢板桩应符合下列规定：

（1）插打前，在锁口内应涂抹防水混合料，组拼桩时应用油灰和棉絮捻塞拼接缝，插打顺序应按施工组织设计进行，可由上游分两侧插向下游合拢。

（2）插打时，必须有可靠的导向设备，宜先将全部钢板桩逐根或逐组插打稳定，然后依次打到设计高程。

（3）开始打的几根或几组钢板桩，应检查其平面位置和垂直度，当发现倾斜时应立即纠正。

（4）当吊桩起重设备高度不够时，可改变吊点位置，但不得低于桩顶以下1/3桩长。

（5）钢板桩可用锤击、振动或辅以射水等方法下沉，锤击时应使用桩帽。

（6）钢板桩因倾斜无法合拢时，应使用特制的楔形钢板桩，楔形钢板桩的上下宽度之差不得超过桩长的2%。

（7）钢板桩相邻接头应上下错开不少于2m。

（8）围堰将近合拢时，应经常观测四周的冲淤状况，并采取预防上游冲空和下游淤积的措施。

（9）当同一围堰内使用不同类型钢板桩时，应将两种不同类型钢板桩各一半拼接成异型钢板桩才能使用。

（10）锁口漏水，可用板条及旧棉絮条等在内侧嵌塞，同时在漏缝外侧水面撒细炉渣与木屑等使其随水流自行堵塞，必要时可外部堵漏，较深处的渗漏，可将炉渣等送到漏水处堵漏。

（11）河流水位涨落较大地区的围堰，应采取措施防止围堰内水位高于外侧。

（12）拔桩前应向围堰内灌水，保持内外水位相等，拔桩应从下游开始。

3. 钢板桩围堰必须符合下列规定：

（1）桩尖高程符合设计要求。

（2）经过整修或焊接的钢板桩应通过试验做锁口。

（3）钢板桩接长时，应采取等强度焊接接长，相邻钢板桩接头上下错开2m以上。

4. 钢板桩围护墙施工偏差应符合表5-12的要求。

表5-12　钢板桩围护墙允许偏差

序号	检查项目	允许偏差和位移值	检查数量		检验方法
			范围	点数	
1	轴线位置（mm）	100	每10m（连续）	1	经纬仪及尺量
2	桩顶标高（mm）	±100	每20根	1	水准仪
3	桩垂直度（mm）	1/100	每20根	1	线锤及直尺
4	板缝间隙（mm）	20	每10m（连续）	1	尺量

5. 混凝土板桩围护墙施工偏差应符合表5-13的要求。

表 5-13　混凝土板桩围护墙允许偏差

序号	检查项目	允许偏差或位移值	检查数量		检验方法
			范围	点数	
1	轴线位置（mm）	100	每 10m（连续）	1	经纬仪及尺量
2	桩顶标高（mm）	±100	每 20 根	1	水准仪
3	桩长（mm）	±100	每 20 根	1	尺量
4	桩垂直度（mm）	1/100	每 20 根	1	线锤及直尺

6. 钢板桩均为工厂成品，新桩可按出厂标准检验，重复使用的钢板桩检验标准应符合表 5-14 的规定，混凝土板桩制作标准应符合表 5-15 的规定。

表 5-14　重复使用的钢板桩检验标准

序号	检查项目	允许偏差或允许值	检查方法
1	桩垂直度（%）	<1	用钢尺量
2	桩身弯曲度	<2%L	用钢尺量，L 为桩长
3	齿槽平直度及光滑度	无电焊渣或毛刺	用 1m 长的桩段做通过试验
4	桩长度	不少于设计长度	用钢尺量

表 5-15　混凝土板桩制作标准

项目	序号	检查项目	允许偏差或允许值	检查方法
主控项目	1	桩长度（mm）	+100	用钢尺量
	2	桩身弯曲度	<0.1%L	用钢尺量，L 为桩长
一般项目	1	保护层厚度（mm）	±5	用钢尺量
	2	模截面相对两面之差（mm）	5	用钢尺量
	3	桩尖对桩轴线的位移（mm）	10	用钢尺量
	4	桩厚度（mm）	+100	用钢尺量
	5	凹凸槽尺寸（mm）	±3	用钢尺量

注：表 5-14 中检查齿槽平直度不能用目测，应采用一根短样桩，沿板桩齿口全长滑动一次，如能顺利通过，则满足要求。

第八节　型钢水泥土搅拌桩

1. 一般规定

（1）型钢水泥土搅拌墙的质量检查与验收应分为施工期间过程控制、成墙质量验收和基坑开挖期检查三个阶段。

（2）型钢水泥土搅拌墙施工期间过程控制的内容应包括：验证施工机械性能，材料质量，检查搅拌桩和型钢的定位、长度、标高、垂直度，搅拌桩的水灰比、水泥掺量，搅拌下沉与提升速度，浆液的泵压、泵送量与喷浆均匀度，水泥土试样的制作，外加剂掺量，搅拌桩施工间歇时间及型钢的规格，拼接焊缝质量等。

（3）在型钢水泥土搅拌墙的成墙质量验收时，主要应检查搅拌桩体的强度和搭接状况、型钢的位置偏差等。

（4）基坑开挖期间应检查开挖面墙体的质量，腰梁和型钢的密贴状况以及渗漏水情况等。

（5）采用型钢水泥土搅拌墙作为支护结构的基坑工程，其支撑（或锚杆）系统、土方开挖等分项工程的质量验收应按现行国家标准《建筑地基基础工程施工质量验收标准》（GB 50202—2018）和现行行业标准《建筑基坑支护技术规程》（JGJ 120—2012）等有关规定执行。

2. 检查与验收

1）浆液拌制选用的水泥、外加剂等原材料的检验项目及技术指标应符合设计要求和国家现行有关标准的规定。

检查数量：按批检查。

检验方法：检查产品合格证及复试报告。

2）浆液水灰比、水泥掺量应符合设计和施工工艺要求，浆液不得离析。

检查数量：按台班检查，每台班不应少于 3 次。

检验方法：浆液水灰比应用比重计抽查；水泥掺量应用计量装置检查。

3）焊接 H 型钢焊缝质量应符合设计要求和现行行业标准《焊接 H 型钢》（YB/T 3301—2005）的有关规定。H 型钢的允许偏差应符合表 5-16 的规定。

表 5-16　H 型钢的允许偏差（mm）

序号	检查项目	允许偏差	检查数量	检查方法
1	截面高度	±5.0	每根	用钢尺量
2	截面宽度	±3.0	每根	用钢尺量
3	腹板厚度	−1.0	每根	用游标卡尺量
4	翼缘板厚度	−1.0	每根	用游标卡尺量
5	型钢长度	±50	每根	用钢尺量
6	型钢挠度	$H/500$	每根	用钢尺量

注：H 为型钢长度。

4）水泥土搅拌桩施工前，当缺少类似土性的水泥土强度数据或需通过调节水泥用量、水灰比以及外加剂的种类和数量以满足水泥土强度设计要求时，应进行水泥土强度室内配合比试验，测定水泥土 28d 无侧限抗压强度。试验用的土样，应取自水泥土搅拌桩所在深度范围内的土层。当土层分层特征明显、土性差异较大时，宜分别配制水泥土试样。

5）基坑开挖前应检验水泥土搅拌桩的桩身强度，强度指标应符合设计要求。水泥土搅拌桩的桩身强度宜采用浆液试块强度试验确定，也可以采用钻取桩芯强度试验确定。桩身强度检测方法应符合下列规定：

（1）浆液试块强度试验。应取刚搅拌完成而尚未凝固的水泥土搅拌桩浆液制作试块，每台班应抽检 1 根桩，每根桩不应少于 2 个取样点，每个取样点应制作 3 件试块。取样点应设置在基坑坑底以上 1m 范围内和坑底以上最软弱土层处的搅拌桩内。试块应及时密封水下养护 28d 后进行无侧限抗压强度试验。

（2）钻取桩芯强度试验。应采用地质钻机并选择可靠的取芯钻具，钻取搅拌桩施工后

28d 龄期的水泥土芯样，钻取的芯样应立即密封并及时进行无侧限抗压强度试验。抽检数量不应少于总桩数的 2%，且不得少于 3 根。每根桩的取芯数量不宜少于 5 组，每组不宜少于 3 件试块。芯样应在全桩长范围内连续钻取的桩芯上选取，取样点应取沿桩长不同深度和不同土层处的 5 点，且在基坑坑底附近应设取样点。钻取桩芯得到试块强度，宜根据钻取桩芯过程中芯样的情况，乘以 1.2～1.3 的系数。已钻孔取芯完成后的空隙应注浆填充。

（3）当能够建立静力触探、标准贯入或动力触探等原位测试结果与浆液试块强度试验或钻取桩芯强度试验结果的对应关系时，也可采用原位试验检验桩身强度。

6）水泥土搅拌桩地基质量检验标准应符合表 5-17 的规定。

表 5-17 水泥土搅拌桩地基质量检验标准

项目	序号	检查项目	允许偏差或允许值	检查方法
主控项目	1	水泥及外渗剂质量	设计要求	查看产品合格证书或抽样送检
	2	水泥用量	参数指标	查看流量计
	3	桩体强度	设计要求	按规定办法
	4	地基承载力	设计要求	按规定办法
一般项目	1	机头提升速度（m/min）	≤0.5	测量机头上升距离及时间
	2	桩底标高（mm）	±200	测量机头深度
	3	桩顶标高（mm）	+200 −50	水准仪（最上部 500mm 不计入）
	4	桩位偏差（mm）	<50	用钢尺量
	5	桩径	<0.04D	用钢尺量，D 为桩径
	6	垂直度（%）	≤1.5	经纬仪
	7	搭接（mm）	>200	用钢尺量

7）型钢插入允许偏差应符合表 5-18 的规定。

表 5-18 型钢插入允许偏差

序号	检查项目	允许偏差或允许值	检查数量	检查方法
1	型钢顶标高（mm）	±50	每根	水准仪测量
2	型钢平面位置（mm）	50（平行于基坑边线）	每根	用钢尺量
		10（垂直于基坑边线）	每根	用钢尺量
3	形心转角（°）	3	每根	量角器测量

8）型钢水泥土搅拌墙验收的抽检数量不宜少于总桩数的 5%。

第九节 重力式水泥土挡土墙

1. 搅拌机喷浆提升的速度和次数必须符合施工工艺的要求，应有专人记录搅拌机每米下沉或提升的时间，深度记录误差不得大于 50mm，时间记录误差不得大于 5s，施工中发现的问题及处理情况均应注明。

2. 施工过程中应随时检查施工记录，并对每根桩进行质量评定。对于不合格的桩应根据其位置和数量等具体情况，分别采取补桩或加强邻桩等措施。

3. 搅拌桩应在成桩后 7d 内用轻便触探器钻取桩身加固土样，观察搅拌均匀程度，同时根据轻便触探器击数用对比法判断桩身强度。检验桩的数量应不少于已完成桩数的 2%。

4. 在下列情况下应进行取样、单桩载荷试验或开挖检验：

（1）经触探检验对桩身强度有怀疑的桩应钻取桩身芯样，制成试块并测定桩身强度。

（2）场地复杂或施工有问题的桩应进行单桩载荷试验，检验其承载力。

（3）对相邻桩搭接要求严格的工程，应在桩养护到一定龄期时选取数根桩体进行开挖，检查桩顶部分外观质量。

5. 进行强度检验时，对承重水泥土搅拌桩应取 90d 后的试件；对支护水泥土搅拌桩应取 28d 后的试件。

6. 基槽开挖后，应检验桩位、桩数与桩顶质量，如不符合规定要求，应采取有效补救措施。

7. 水泥土搅拌桩地基质量检验标准应符合表 5-19 的规定。

表 5-19　水泥土搅拌桩地基质量检验标准

项目	序号	检查项目	允许偏差或允许值 数值	检查方法
主控项目	1	水泥及外掺剂质量	设计要求	查产品合格证书或抽样送检
	2	水泥用量	参数指标	查看流量表及水泥浆水灰比
	3	桩体强度	设计要求	按规定方法
	4	地基承载力	设计要求	按规定方法
一般项目	1	机头提升速度（m/min）	≤0.5	测量机头上升距离与时间比
	2	桩底标高（mm）	±200	测量机头深度
	3	桩顶标高（mm）	+100 −50	水准仪（最上部 500mm 不计入）
	4	桩位偏差（mm）	<50	用钢尺量
	5	桩径	<0.04D	用钢尺量，D 为桩径
	6	垂直度（%）	≤1.5	经纬仪
	7	搭接（mm）	>200	用钢尺量

第六章 安全控制

第一节 安全生产保证体系与施工安全管理组织

安全生产保证体系的建立应符合建筑企业内部的特点，并形成安全体系文件；人员的配备、岗位的设置应符合工程的特点，做到相对固定，不得随意变动；配备必要的设施、装备专业人员，确定控制检查的手段和措施，确定整个施工过程中的重点内容、关键点、危险部位的控制手段和措施，以确保安全保证计划的内容具有可操作性、严密性、可行性。安全生产体系见图6-1。

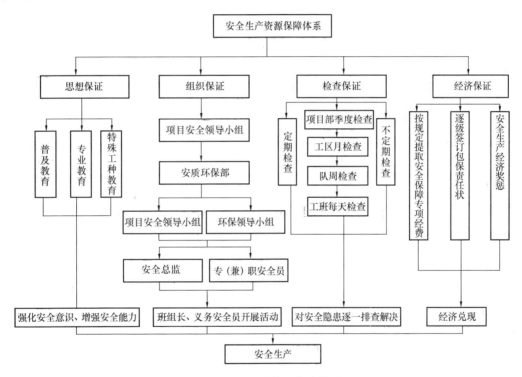

图 6-1 安全生产资源保障体系

1. 安全生产保障体系原则：安全生产保证体系以国家有关施工安全标准、规范及《建设工程安全生产管理条例》为依据，从本项目的实际情况出发，突出重点，全面实施。安保体系是项目部贯彻"安全第一、预防为主、综合治理"方针的具体举措，是确保安全生产、杜绝事故隐患、实现项目部安全目标的保证。

（1）安全生产保证体系应遵照程序文件的要求，并符合建筑企业和本项目施工生产管理的现状及特点。

（2）建立安全生产保证体系并形成安全体系文件，包括安全保证计划，相关的国家、行业、地方法律和法规文件、各类记录、报表和台账。

2.完善安全管理机制，建立健全安全管理制度、安全管理机构及安全生产责任制，是项目安全管理工作的重要内容，也是企业实现安全生产，杜绝伤亡事故发生的重要保证，在统一领导下，保障在工程施工过程中，安全、优质、高速及文明施工，建立职能健全的安全执法、监督管理机制，采取周密的安全技术措施及防护措施，努力创建一个安全、文明的施工环境，杜绝在工程施工过程中发生重伤及以上事故。项目安全管理组织机构参照图6-2。

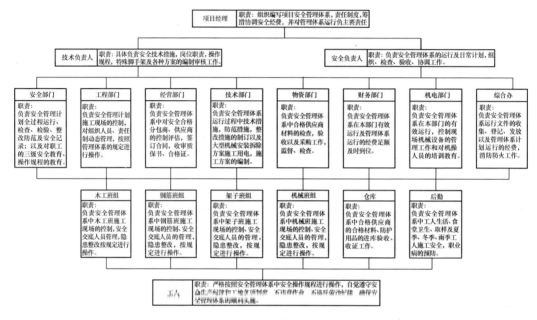

图6-2　项目安全管理组织机构

第二节　具体安全措施

1.施工准备阶段安全措施

（1）建立和健全安全生产机构，制订安全生产制度，认真贯彻安全生产以防为主的方针。树立"安全第一，预防为主"，在工地醒目处刷贴安全生产标语。工地设专职安全员，负责机械班组的安全生产，对现场安全工作进行检查督促，对违反安全操作规程和发现不安全因素并及时纠正。

（2）建立安全生产责任制，项目经理对现场安全工作负总责，健全安全管理网络，工地除设一名专职安全员外，每个班组也需设一名兼职安全员。由安全员、施工队长、班组长组成全方位的安全领导，对整个施工过程安全生产负责。

（3）加强对员工的安全教育，增强安全意识，提高防范能力。严格按照有关劳动保护法律、法规和有关劳动保护条例、规定及有关安全生产的要求执行，确保安全生产。特种作业人员必须持省级建设行政主管部门核发的特种作业人员资格证上岗。

（4）施工前与设计单位、建设单位、监理单位、设备管理单位及行车组织单位建立联系，沟通情况，提报施工方案，明确施工地段地下的管、线、电缆设施的准确位置及既有的设备情况，防止施工时造成破坏。

（5）对影响正常施工的通信线路和公用设备，施工前与主管部门联系，能够改线迁移的就重新设置；不能改线迁移的，在主管部门监督下做好防护设施，严禁损坏。

（6）项目部对工程的危险源进行辨识，确定重大危险源，并对其制订专项安全方案，以便对其进行有效控制，减少或避免事故的发生。

2. 施工人员安全措施

（1）贯彻"安全第一、预防为主"的方针。

（2）全体施工人员必须坚持贯彻执行现场安全生产六大纪律，遵守国家和企业颁布的安全生产各项规定。

（3）设专职安全员负责工地安全管理工作。由施工负责人监督日常安全工作，各工种、各施工班组设立兼职安全员，由项目经理、施工负责人、专兼职安全员组成项目安全小组，检查督促项目安全。

（4）工人进场前由安全员进行安全教育，进场后施工人员必须认真执行"安全管理制度"和"安全生产责任制"，遵守安全生产纪律，定期召开安全工作会议，进行安全检查活动，杜绝安全隐患，由安全员做好安全日记。开工前由项目部组织进行工地安全检查，合格后方能开工。施工人员进场，必须经过三级安全教育。

（5）作业前必须对施工人员进行安全技术教育和安全技术交底。确保每个工作人员了解所操作的机械性能和本岗位的安全技术操作规程，必须持证上岗。

（6）进入施工现场人员必须佩戴安全帽，施工操作人员应穿戴好必要的防护用品。

3. 施工机械安全措施

1）在施工全过程中，应严格执行有关机械的安全操作规程，由专人操作并加强机械维修保养，经安全部门检验认可，领证后方可投入使用。

2）机械设备安全保证措施：

（1）机械设备操作人员（或驾驶员）必须经过专门训练，熟悉机械操作性能，经专业管理部门考核取得操作证或驾驶证后上机（车）操作。

（2）机械设备操作人员和指挥人员严格遵守安全操作技术规程，工作时集中精力，谨慎工作，不擅离职守，严禁酒后驾驶。

（3）机械设备发生故障后及时检修，绝不带故障运行，不违规操作，杜绝机械和车辆事故。

（4）机械操作人员做好各项记录，达到准确、及时，严格贯彻操作制度，认真执行清洁、润滑、坚固、防腐、安全的十字作业法。

（5）设备及工具摆放整齐，不得随意摆放。

3）大型机械设备安全措施：

（1）大型施工机械设备的安装、拆卸根据原有生产厂家的规定，按机械设备施工组织设计技术方案和安全作业技术措施，由专业队伍的人员在队（组）长的负责统一指挥下进行，并由技术和安全人员监护。

（2）大型施工机械设备履带吊进场，经检测合格，报监理审核后，方可投入使用。操作人员持证上岗。

4）作业前应检查所使用的工具，如手柄有无松动、断裂等，手持电动工具的配电开关箱漏电保护器应检查动作是否灵敏，合格后方可使用。

5）挖掘机及吊车工作时，必须有专人指挥，并且在其工作范围内不得站人。

6）材料运输车进出场必须打开转向灯，入场后倒车必须设专人指挥。现场卸料（主要指钢筋、钢板、钢管）前，必须检查卸料方向是否有人，以免将人员砸伤。

7）吊车及钻机工作之前必须进行机械安全检查。

8）施工作业平台必须规整平顺，杂物必须清除干净，防止拆除导管时将工作人员绊倒造成事故。

9）机电设备必须由专人操作，认真执行规程，杜绝人身、机械、生产安全事故，特殊工种（起重工、焊工、电工等）必须持证上岗。

10）设备进场必须办好进场验收手续，严禁未经验收合格的设备投入运行。设备用电必须有专用开关箱，并实行"一机一闸一漏一箱"的安全用电措施。

11）施工完毕后，施工负责人应检查线路确定各种施工机具、材料不侵入限界。

12）各种机具设备和劳动保护用品定期进行检查和必要的试验，保证其处于良好状态。

4. 施工现场用电安全技术措施

（1）施工现场临时用电须遵守现行国家标准《建设工程施工现场供用电安全规范》（GB 50194—2014）和《施工现场临时用电安全技术规范》（JGJ 46—2005）的规定。

（2）电焊机应设专用电源控制开关，操作前检查所有工具、电焊机、电源开关及线路是否良好，金属外壳应有安全可靠接地，进出线应有完整的防护罩，完工后切断电源；电焊作业人员必须持证上岗。

（3）电气设备的电源，应按有关规定架设安装；电气设备均须有良好的接地接零，接地电阻不大于4Ω，并装有可靠的触电保护装置。

（4）严禁在高低压架空电线下方冲、钻孔，移动桩机、钻杆时必须保持与高压电线的安全距离。

（5）配电箱以及其他供电设备不得置于水中或泥浆中，电线接头要牢固，并且要绝缘，输电线路必须设有漏电开关。

（6）作业人员进入施工现场必须戴好安全帽，电工作业时必须穿绝缘胶鞋，电焊工作业时必须佩戴防护眼镜。

（7）施工主线应采用"三相五线制"，并做到"一机一闸一箱一漏电保护"，所有机械电气设备均要有效保护接地或接零。

（8）现场线路必须按规定摆设整齐，不准乱拖在地面上，以防碾压，埋设地下时树立标志，接头处按标准包扎后必须架空或设接头箱，并有防水措施，桩架及底盘上所有电线严禁有接头。

（9）配电箱须安装漏电保护开关，离地高度不小于1.2m，箱前0.8m不准堆场，应有防雨措施，并装门加锁。

（10）移动机架严禁碰触高低压电线，不得在高低压电线下冲、钻孔和空吊放钢筋等施工作业。电源线路、电箱接线正确，绝缘可靠，接地牢固，触电保护器灵敏有效，电源容量和导线截面符合桩机说明书和安全用电规范的要求。

（11）机架上电箱电器完好，电动机接地不少于2处，接保护零线牢固可靠，触电保护器动作灵敏。不准带负荷启动电动机，严禁用脚代手进行操作。

（12）在高压线下严禁施工，桩架边缘与高压线的最小安全水平允许施工距离：10kV以下为6m，35kV以下为8m，施工时采取相应的防护措施。

（13）电工接线时不能带电操作，拆修时应在合闸处挂上"严禁合闸"的警告牌，并派专人看管。

（14）电缆沟旁施工作业时，应设置距电缆沟不小于2m的围挡，设备运转前应检查是否处于良好状态，并派专人进行防护，防护人员平时应经常检查风缆绳是否牢固。收工前工地负责人应组织专人对工地进行一次详细检查，确认无事故隐患，方可撤除防护收工，防护人员必须跟班作业。

（15）紧邻既有线作业的各种机械设备严禁超限和侵限，施工时在靠近既有线一侧设置明显标志和隔离带。邻近电缆沟施工时，对危及人身安全的危险部位，必须设有须知、符合防护的安全标志、安全警示牌和安全防护设施，严禁非施工人员进入施工现场。

（16）配电箱、机电设备应有接地装置，电线应架空，危险区域应设立安全标志。暴露在外的电线设备不得乱动。用电线路应严格选择规格，各级配电装置的布置、固定、结构形式、盘面布置、系统接线等都要按规范进行，不得乱拖电线。非电工人员不得更移线路器材，临时用电中间不得有接头。

（17）现场电缆必须安全布设，各种电控制箱必须安装二级漏电保护装置，电器必须断电修理，并挂上警示牌，电工应定期检查电器、电路的安全性。

5. 吊装安全技术措施

（1）钢筋笼起吊准备，必须密切注意钢丝绳磨损情况，如果磨损超过规定极限，必须立即调换钢丝绳。

（2）钢筋笼吊升，吊运前应仔细检查钢筋笼各吊点，检查钢筋笼的焊接质量是否可靠，起吊前先进行试吊，对起重机械的制动器、吊钩、钢丝绳和安全装置进行检查，排除不安全因素后，方可起吊；司索、信号工需持有效合格证件，方可上岗。

（3）两台起重机同时起吊，必须注意负荷的分配，每台起重机分担质量的负荷不得超过该机允许负荷的80%，防止任何一台负荷过大造成事故；钢筋笼起吊时，必须对两台起重机进行统一指挥，使两台起重机动作协调相互配合，起重驾驶员必须严格听从指挥，不准擅自启动任何行走、回转动作。在整个起吊过程中，两台起重机的吊钩滑车组必须保持垂直状态。吊车指挥人员必须持有效指挥证。

（4）钢筋笼吊装需人员扶持时，人员应相互配合，尤其是在吊入槽段口时，除注意钢筋笼牵带外，还需要注意槽段口的安全。

（5）起重机械吊运导管及其他物件，也应按起重作业安全技术操作；防止起重伤害事故的发生；经常检查各种卷扬机、吊车钢丝绳的磨损程度，并按规定及时更新。

（6）吊车应遵守"十不吊"规则：①指挥不明不吊；②斜吊不吊；③六级大风以上不吊；④埋在地下的物体、重量估计不准不吊；⑤吊车安全装置不灵不吊；⑥超重不吊；⑦光线阴暗，无照明不吊；⑧离高压线太近不吊；⑨无证不吊；⑩酒后不吊。

（7）钢丝绳应经常检查保养，如发现有断股轧伤情况应及时调换，但机械在运行时不得进行保养。

第三节 基坑工程安全控制重难点

1. 锚杆施工安全技术措施

（1）施工中，定期检查电源线路和设备的电器部件，确保用电安全。

（2）喷射机、水箱、风包、注浆罐等应进行密封性能和耐压试验，合格后方可使用。

（3）注浆施工作业中，要经常检查出料弯头、输料管、注浆管和管路接头等有无磨薄、击穿或松脱现象，发现问题，应及时处理。

（4）处理机械故障时，必须使设备断电、停风。向施工设备送电、送风前，应通知有关人员。

（5）向锚杆孔注浆时，注浆罐内应保持一定数量的砂浆，以防罐体放空，砂浆喷出伤人。

（6）非操作人员不得进入正进行施工的作业区。施工中，喷头和注浆管前方严禁站人。

（7）施工操作人员的皮肤应避免和速凝剂、树脂胶泥直接接触，严禁树脂卷接触明火。施工过程中指定专人加强观察，定期检查锚杆抗拔力，确保安全。

（8）锚杆安设后不得随意敲击，其端部 3d 内不得悬挂重物，在砂浆凝固前，确实做好锚杆防护工作，防止敲击、碰撞、拉拔杆体和在加固下方开挖；粘结锚杆用水泥砂浆强度达到 80% 以上后，才能进行锚杆外端部弯折施工。

（9）进入施工作业区必须戴好安全帽，施工人员要随时观察洞口及路面地形变化，一旦有异常，马上通知人员撤离至安全区，严禁冒险作业。

（10）对于正在作业的路段，在路口树立醒目的施工标志牌，提醒过往行人、车辆，以免行人、车辆在开挖区内通行。

2. 喷射混凝土安全技术措施

（1）施工前应认真检查和处理作业区的危石，施工机具应布置在安全地带。

（2）喷射混凝土施工用的工作台架应牢固可靠并应设置安全栏杆。

（3）过程中应定期检查电源线路和设备的电器部件。

（4）喷射作业中处理堵管时，应将输料管顺直，应紧按喷头，疏通管路的工作风压不得超过 0.4MPa。

（5）非操作人员不得进入正在作业的区域，施工中喷头前方不得站人。

（6）喷射钢纤维混凝土过程中应采取措施防止回弹伤害操作人员。

3. 钻孔灌注桩施工过程安全技术措施

1）钻机就位及钻进成孔安全措施：

（1）钻机在转场行走时，对陡坡等道路进行观察，必要时制订加固措施，防止钻机碰撞结构物、翻车等事故发生。

（2）钻机就位后，应有专人指挥对机底枕木填实，保证施工时机械不倾斜、不倾倒。同时对钻机及配套设施进行全面安全检查。钻机安设牢固后，对钻架加设斜撑及揽风绳，钻机上应安装避雷设施。

（3）冲、钻孔前要检查各传动箱润滑油是否足量，各连接处是否牢固，泥浆循环系统

（离心泵）是否正常，确认各部件性能良好后，才开始作业。

（4）钻孔前要检查钢丝绳有无断丝、腐蚀、生锈等，断丝超过10％应报废。检查钢丝绳锁扣是否牢固，螺母是否松动。

（5）钻孔时应对准桩位，先使钻杆向下，钻头接触地面，再开动钻杆转动，不得晃动钻杆。操作人员爬到臂杆上面保养时，要注意脚不要粘泥浆，以免打滑摔伤。

（6）钻孔施工过程中，非施工人员不得进入施工现场，钻孔施工人员距离钻机不得太近，防止机械伤人。

（7）操作期间，操作人员不得擅自离开工作岗位或做其他的事。钻孔过程中，如遇机架摇晃、移动、偏斜或钻头内发出有节奏的响声，应立即停钻，查明原因并处理后，方可继续施钻。

（8）钻机钻进时紧密监视钻进情况，观察孔内有无异常情况、钻架是否倾斜、各连接部位是否松动、是否有塌孔征兆，有情况立即纠正。

（9）桩机移位时，要先切断电源后才能移动桩机。移动期间要有专人指挥和专人看管电缆线，以防桩机压坏电缆。如遇卡钻，应立即切断电源，停止下钻，未查明原因排除故障前，不准强行启动。

（10）成孔后，必须将孔口用5cm厚的木板或竹夹板加盖保护或浇筑混凝土，以防闲杂人员或小孩掉到桩孔内，孔口附近不准堆放重物和材料。

2）钢筋笼制作、安装安全防护措施：

（1）钢筋调直现场，禁止非施工人员入内，钢筋调直前事先检查调直设备各部件是否安全可靠。进行钢筋除锈和焊接时，施工人员穿戴好防护用品。

（2）钢筋笼加工过程中，不得出现随意抛掷钢筋现象，制作完成的节段钢筋笼滚动前检查滚动方向是否有人，防止人员被砸伤。氧气瓶与乙炔瓶在室外的安全距离不小于5m。

（3）起吊钢筋骨架时，做到稳起稳落，安装牢靠后方可脱钩，严格按吊装作业安全技术规程施工。

（4）钢筋笼安装过程中必须注意：焊接或机械连接完毕，必须检查检查人员的脚是否缩回，防止钢筋笼下放时将脚扭伤甚至将人带入孔中的事故发生。

（5）吊车作业时，在吊臂转动范围内，不得有人走动或进行其他作业。

3）灌注混凝土安全防护措施：

（1）灌注混凝土桩时，施工人员分工明确，统一指挥，做到快捷、连续施工，以防事故的发生。

（2）灌注混凝土时，减速漏斗的吊具、漏斗和吊环均要稳固可靠。泵送混凝土时，管道支撑确保牢固并搭设专用支架，严禁捆绑在其他支架上，管道上不准悬挂重物。

（3）护筒周围不宜站人，防止不慎跌入孔中。

（4）导管安装时注意：导管对接必须注意手的位置，防止手被导管夹伤。

（5）灌注混凝土过程中，混凝土搅拌运输车倒车时，指挥员必须站在司机能够看到的固定位置，防止指挥员走动过程中栽倒而发生机械伤人事故。轮胎下必须垫有枕木。倒车过程中，车后不得有人。

（6）吊车提升拆除导管过程中，各现场人员必须注意吊钩位置，以免将头砸伤。

（7）拆卸导管人员必须戴好安全帽，并注意防止扳手、螺钉等往下掉落。拆卸导管时，其上空不得进行其他作业。

（8）导管提升后继续灌注混凝土前，必须检查其是否垫稳或挂牢。

（9）泥浆池、桩孔周边必须安装警示灯，挂警示带，设安全标志。

（10）场内要设泥浆池，泥渣要及时用车运走。灌注混凝土期间，泥浆要及时回收，不得把泥浆排放在路面上或污水管道内。

4. 钢支撑及钢围檩安全技术措施

1）钢支撑安全技术措施：

（1）钢支撑加工必须严格执行技术交底，不得擅自更改。

（2）钢支撑法兰盘应与钢管轴线垂直，焊缝应饱满，焊接强度达到设计要求。

（3）用吊车移动钢支撑时应有专人指挥，并提醒其他正在工作的工人，防止支撑移动过程中，支撑转动伤人。

（4）钢支撑加工焊接前应清除四周易燃易爆物品，焊接过程中做好防火工作。

（5）焊接支撑钢构件，焊工应经过培训考试，合格后进行安全教育和安全交底后方可上岗施焊，焊接设备外壳必须接地或接零；焊接电缆，焊钳连接部分，应有良好的接触和可靠的绝缘，焊机前应设漏电保护开关，装拆焊接设备与电力网连接部分时，必须切断电源，焊工操作时必须穿戴防护用品，如工作服、手套、胶鞋，并保持干燥和完好。

（6）焊接时必须戴内有滤光玻璃的防护面罩，焊接工作场所应有良好的通风、排气装置，并有良好的照明设施，操作时严禁拖拉焊枪，电动工具均应设触电保护器，高空焊接工应系安全带，随身工具及焊条均应放在专门背带中，在同一作业面下交叉作业处，应设安全隔离措施。

2）钢围檩安装安全技术措施及注意事项：

（1）严格遵循"边挖边撑"的原则，禁止一次开挖深度过高。

（2）钢围檩安装前，应事先在岩壁上标出位置，确保钢围檩安装后在一个水平面上。

（3）钢围檩支撑托架安装应牢固，防止钢围檩安装过程中出现塌架事故。

（4）钢围檩安装前，应事先将围护桩凿出，并将岩壁找平，使岩壁和露出的围护桩在一个平面上，确保钢支撑加力后，钢围檩与岩面和桩面无空隙，若仍存在空隙，应采用细石混凝土填充密实。

（5）在吊装钢构件如支撑、围檩、型钢、板材时，应先制订吊装方案，进行安全技术教育和交底，学习吊装操作规程，明确吊装程序，了解施工场地布置状况。吊装人员应经身体检查，年老体弱和患有高血压、心脏病等不适合高空作业的不得上岗，吊装人员应戴安全帽，吊装工作开始前，应对超重运输吊装设备、吊环、夹具进行检查，应对钢丝绳定期检查确保安全。提升或下降要平稳，尽量避免发生冲击、碰撞现象，不准拖吊。

（6）起吊钢丝绳应绑牢，吊索要保持垂直，以免拉断绳索，起吊重型构件，必须用牵引绳，不得超负荷作业，吊装时应有专人指挥，使用统一信号，起重司机必须按信号进行工作。

（7）钢支撑安装时，斜支撑端头必须设可靠防滑措施。

（8）钢围檩和钢支撑吊装过程中注意保护上道支撑，严禁撞击。

（9）钢支撑安装完毕，必须经技术人员检查合格后，方准预加应力。

（10）加力前，应确保加力设备的仪表、油管、油管接头完好。

（11）加力过程应缓慢进行；待应力加到设计值时，焊接抱箍，然后松开千斤顶。防止突然松开千斤顶，钢楔弹出伤人。

（12）应设专人对钢支撑的变形及受力情况进行量测，及时分析数据，发现异常时，及时采取应对措施，并上报项目部相关部门或主管领导，确保结构和人员安全。

（13）钢围檩及钢支撑吊装和钢支撑预加应力时，班组长和安全员必须全过程跟班作业。

5. 水泥土搅拌桩安全措施

（1）在不平整场地或较软场地上施工时，应保持机械的稳定和垂直度，如倾斜度大于1‰时，应校正机架后方可施工，严禁在倾斜很大的情况下进行下沉施工。

（2）当发现搅拌机的入土切削和提升搅拌负荷太大或电机工作电流超过额定值时，应减慢升降速度或补给清水；发生卡转、停转现象时，应切断电源，并将搅拌机强制提升出地面，然后重新启动电机。

（3）当电压低于 350V 时，应暂停施工，以保护电机。

（4）泵送水泥浆前，管路应保持湿润，以利输浆。

（5）水泥浆内不得夹有硬结块，一般在集料斗上部装设细网过筛，以免结块吸入泵内损坏缸体。

（6）输浆管路应保持干净，严防水泥浆结块，每日用完后应彻底清洗一次。喷浆搅拌施工过程中，如果发生事故而停机半小时以上，应先拆除管路，排除水泥结石，然后进行清洗。

（7）应定期拆卸清洗灰浆泵，注意保持齿轮减速箱内润滑油的清洁。

6. 电焊、气焊、钢筋加工安全技术要点

1）电焊：

（1）电焊机应安设在干燥、通风良好的地点，周围严禁存放易燃、易爆物品。电焊机应有完整的防护外壳。

（2）电焊机应置单独的开关箱，作业时应穿戴防护用品，施焊完毕，拉闸上锁。遇雨雪天，应停止露天作业。现场使用的电焊机应有可防雨、防潮、防晒的设施。

（3）在潮湿地点工作，电焊机应放在木板上，操作人员应站在绝缘胶板或木板上操作。焊接时，焊接和配合人员必须采取防触电的安全措施。

（4）把线、地线不得与钢丝绳、各种管道、金属构件等接触，不得用这些物件代替接地线。把线、地线不得搭在易燃、易爆和带有热源的物品上，地线接地电阻不大于 4Ω。

（5）更换场地，移动电焊机时，必须切断电源，检查现场，清除焊渣。

（6）在高空焊接时，必须系好安全带。焊接周围应备有消防设备。

（7）焊接模板中的钢筋、钢板时，施焊部位下面应垫石棉板或铁板。长期停用的电焊机，使用前，必须检查其绝缘电阻不得低于 0.5MΩ，接线部分不得有腐蚀和受潮现象。焊接过程中，焊接人员应经常检查电焊机的温升，如超过 A 级 600℃、B 级 800℃时，按次序停止运转并降温。施焊现场 10m 范围内，不得堆放氧气瓶、乙炔发生器、木材等易燃易爆物。作业后，清理场地、灭绝火种、切断电源、锁好电闸箱、消除焊料余热后，方可离开。

2）气焊：

（1）乙炔瓶的使用：禁止敲击、碰撞；要立放，不能卧放，以防丙酮流出，引起爆炸。气瓶立放 15～20min 后，才能开启瓶阀使用。拧开时，不要超过 1.5 转，一般情况只拧 3/4 转。

（2）不得靠近热源和电气设备，夏季要防止暴晒，与明火的距离一般不小于 10m（高处作业时，应是与处置地面处的平行距离）。

（3）瓶阀冻结，严禁用火烘烤，必要时可用 40℃ 以下的温水解冻。

（4）吊装、搬运时，应使用专用夹具和防振的运输车，严禁用电磁起重机和链绳吊装搬运。严禁放置在通风不良的场所，且不得放在橡胶等绝缘体上。

（5）工作地点不固定且移动较频繁时，应装在专用小车上；同时使用乙炔瓶和氧气瓶时，应尽量避免放在一起。

（6）焊炬的使用。使用前应首先检查其射吸性能，如不正常，必须进行修理。

（7）射吸性能检查正常后，进行漏气检查。发生回火时，应急速关闭乙炔瓶，随后关闭氧气瓶。

（8）割炬的使用。气割前应将工件表面的漆皮、锈层和油污清理干净。工作地面是水泥地面时，应将工件垫起，以防锈皮和水泥爆溅后伤人。

（9）气割前应进行点火试验。

（10）胶管的使用：使用和保管时，应防止与酸、碱、油类以及其他有机溶剂接触胶管，以防胶管损坏、变质。

（11）使用中应避免受外界挤压和砸碰等机械损伤，不得将胶管折叠，不得与炽热的工件接触。

（12）乙炔表、氧气表的使用：焊接（或气割）工作中压力表指示值不大于乙炔发生器最高工作压力值 0.15MPa。

（13）压力表必须按规定经计量部门检验校正后，方可使用。超过有效期限的压力表，应重新进行检验校正，否则不得使用。

（14）氧气瓶的使用：在贮运和使用过程中，要采取措施避免剧烈振动和撞击，尤其是在严寒季节，金属材料易发生脆裂而造成气瓶爆炸。

（15）搬运气瓶时，应用专门的台架或小推车，不得肩背手扛，禁止直接使用钢丝绳、铁链条、电磁吸盘等吊运氧气瓶。应轻装轻卸，严禁气瓶从高处滑下或在地面滚动。

（16）要防止气瓶直接受热，应离高温、明火和熔融金属飞溅物等 10m 以上。

（17）超过检验期限的气瓶不得使用。氧气瓶每 3 年必须做一次技术检验。

7. 脚手架搭设安全技术措施

1）脚手架作业人员素质要求

人员素质要求：

①脚手架搭设人员必须是经过《建筑工程施工职业技能标准》（JGJ/T 314—2016）考核合格的专业架子工，必须持有特种工上岗证、劳动合同、人身保险，并且年满 18 岁，两眼视力均不低于 1.0，无色盲，无听觉障碍，无高血压、心脏病、癫痫、眩晕和突发性昏厥等疾病，无妨害登高架设作业的其他疾病和生理缺陷。

②责任心强，工作认真负责，熟悉本作业的安全技术作操规程。严禁酒后作业和作业中玩笑戏闹。

③明确使用个人防护用品和采取安全防护措施。进入施工现场，必须戴好安全帽，在无可靠防护 2m 以上处作业必须系好安全带，使用工具要放在工具套内。

④操作工必须经过培训教育，考试、体检合格，持证上岗，任何人不得安排未经培训的无证人员上岗作业。作业人员应定期进行体检（每年体检一次）。

⑤作业所用材料要堆放平稳，高处作业地面环境要整洁，不能杂乱无章，乱摆乱放，所用工具要全部清点回收，防止遗留在作业现场掉落伤人。

2）安全用品（三宝）要求

（1）安全帽

①安全帽必须使用住房城乡建设部认证的厂家供货，无合格证的安全帽禁止使用。工程使用的安全帽一律由分公司统一提供，各分包外联单位不准私购安全帽。

②安全帽必须具有抗冲击、抗侧压力、绝缘、耐穿刺等性能，使用中必须正确佩戴，安全帽使用期为 2.5 年。

（2）安全带

①采购安全带必须要有劳动保护研究所认可合格的产品。

②安全带使用 2 年后，根据使用情况，必须通过抽验合格方可使用。

③安全带应高挂低用（架子工除外），注意防止摆动碰撞，不准将绳打结使用，也不准将钩直接挂在安全绳上使用，应挂在连接环上用，要选择在牢固构件上悬挂。

④安全带上的各种部件不得任意拆掉，更新绳时要注意加绳套。

（3）安全网

①安全网的技术要求必须符合规定，方准进场使用。工程使用的安全网必须由公司认定的厂家供货。大孔安全网用做平网和兜网，其规格为绿色密目安全网 1.5m×6m，用作内挂立网。内挂绿色密目安全网使用有国家认证的生产厂家供货，安全网进场要做防火试验。

②安全网在存放使用中，不得受有机化学物质污染或与其他可能引起磨损的物品相混，当发现污染应进行冲洗，洗后自然干燥，使用中要防止电焊火花掉在网上。

③安全网拆除后要洗净捆好，放在通风、遮光、隔热的地方，禁止使用钩子搬运。

3）脚手架搭设安全技术措施

（1）高血压、心脏病、癫痫病、晕高或视力不够等不适合做高处作业的人员，均不得从事脚手架作业。配备架子工的徒工，在培训以前必须经过医务部门体检合格，操作时必须有技工带领、指导，由低到高，逐步增加，不得任意单独上架子操作。要经常进行安全技术教育。凡从事架子工种的人员，必须定期（每年）进行体检。

（2）脚手架支搭以前，必须制订施工方案和专项安全技术交底，并由施工工长向所有参加作业人员进行书面交底。

（3）操作小组接受任务后，必须根据任务特点和交底要求进行认真讨论，确定支搭方法，明确分工。在开始操作前，组长和安全员应对施工环境及所需防护用具做一次检查，消除隐患后方可开始操作。

（4）架子工在高处（距地高度 2m 以上）作业时，必须佩带安全带。安全带必须与已绑好的立、横杆挂牢，不得挂在铅丝扣或其他不牢固的地方，不得"走过档"（即在一根顺水杆上不扶任何支点行走），也不得跳跃架子。在架子上操作应精力集中，禁止打闹和玩笑，休息时应下架子。严禁酒后作业。

（5）遇有恶劣气候（如风力五级以上，高温、雨天气等）影响安全施工时，应停止高处作业。

（6）大横杆应绑在立杆里边，绑第一步大横杆时，必须检查立杆是否垂直，绑至 4 步时必须绑临时小横杆和临时十字盖。绑大横杆时，必须 2~3 人配合操作，由中间一人抬杆、放平，按顺序绑扎。

（7）递杆、拉杆时，上下左右操作人员应密切配合，协调一致。拉杆人员应注意不得碰撞上方人员和已绑好的杆子，下方递杆人员应在上方人员接住杆子后方可松手，并躲离其垂直操作距离 3m 以外。使用人力吊材料，大绳必须坚固，严禁在垂直下方 3m 以内拉大绳吊料。使用机械吊运，应设天地轮，天地轮必须加固，应遵守机械吊装安全操作规程，吊运脚手板、钢管等物应绑扎牢固，接料平台外侧不准站人，接料人员应等起重机械停车后再接料、解绑绳。

（8）未搭完的一切脚手架，非架子工一律不准上架。脚手架搭完后由施工工长会同架工组长以及使用工种、技术、安全等有关人员共同进行验收，认为合格，报监理部门验收合格后，办理交接验收手续后方可使用。使用中的脚手架必须保持完整，禁止随意拆、改动脚手架或挪用脚手板；必须拆改时，应经施工及技术负责人批准，由架子工负责操作。

（9）设备运输和人员上下工作面，搭设之字形通道，通道满铺脚手板，并加设间距 10cm 防滑横条，两侧安装 4 道防护杆及扶手，上下通道固定按照要求规定设置连墙杆、卸载装置，通道口悬挂五牌一图，通道转角处安装红色警示灯。通道上面不能有堆积物，严禁闲杂人员攀爬行走，通道口要求专人看管。所有脚手架、通道，经过大风、大雨后，要会同监理、项目负责人、技术员、安全员进行检查，如发现倾斜卜沉及松扣、崩扣要及时修整。

第四节　基坑工程应急预案

1. 基坑工程应急预案的方针与目标

坚持"安全第一、预防为主、综合治理"、"保护人员、安全优先、环境优先"的方针，贯彻"常备不懈、统一指挥、高效协调、持续改进"的原则。更好地适应法律和经济活动的要求；给企业员工的工作和施工场区周围居民提供更好更安全的环境；保证各种应急资源处于良好的备战状态；指导应急行动按计划有序地进行；防止因应急行动组织不力或现场救援工作的无序和混乱而延误事故的应急救援；有效地避免或降低人员伤亡和财产损失；帮助实现应急行动的快速、有序、高效；充分体现应急救援的"应急精神"。

2. 基坑工程应急策划

应急处理组织机构如下：

（1）以应急救援领导小组为基础，成立应急反应指挥部，下设应急处理工作小组，应急处理技术组、应急处理监测组、应急处理物资设备组、应急处理保卫组、应急处理疏散撤离小组。应急处理工作组 24h 值班，接到应急通知迅速组织各应急处理组、应急处理突击队赶往现场进行抢险救援。应急处理组织机构见图 6-3。

（2）应急救援工作小组

组长：由常务副经理担任。

副组长：由项目生产副经理、总工程师、安全副经理担任。

成员：由副总工程师、安全管理部部长、物资设备部部长、工程部部长、安全员担任。

职责：负责现场的应急救援工作的指导、协调。

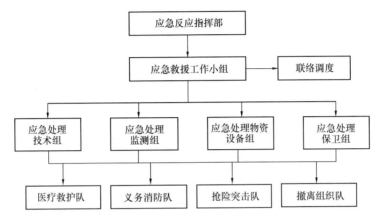

图 6-3 应急处理组织机构

（3）应急处理技术小组

组长：由总工程师担任。

副组长：由副总工程师担任。

成员：由工程部部长、班组队长、专业工程师、机械工程师、安全管理部部长担任。

职责：担负重大生产安全事故发生后的技术处理，从技术方面提供处理意见。

（4）应急处理监测小组

组长：由副总工程师担任。

副组长：由测量主管担任。

成员：由测量人员担任，人员不够时，可抽调工程技术人员担任。

职责：担负重大生产安全事故发生后的监测工作。

（5）应急处理物资设备组

组长：由生产副经理担任。

副组长：由物质设备部部长担任。

成员：由物机部指定 2 人、分包单位物资设备管理人员组成。

职责：担负重大生产安全事故发生后的物资设备的供应。

（6）应急处理保卫小组

组长：由安全副经理担任。

副组长：由安全管理部部长担任。

成员：由各工地保安人员组成。

职责：负责将受安全威胁的人员疏散到安全地带，确保无受安全威胁的人员后，再将受安全威胁的财产转移至安全地带。

（7）应急处理突击队

队长：由工程部部长担任。

副队长：由各项目队长组成。

突击队员：由各工点班组长、义务消防队队员组成。

职责：担负施工现场各类重大事故的处置任务。

（8）医疗救护队

队长：由综合办公室主任担任。

成员：由相关医疗救护的人员担任。

职责：负责紧急情况下受伤人员的初步救护工作。

（9）应急消防队

队长：由安全副经理担任。

成员：由经过消防相关知识、灭火器材使用培训的人员组成。

职责：负责本项目各工地可能出现的初起火灾的扑救。

（10）撤离组织队

队长：由综合办公室主任担任。

成员：由经过撤离组织培训的人员组成。

职责：负责紧急情况下不安全住所内人员的撤离工作。

说明：应急救援领导小组和应急处理组织机构中相关人员如发生变动，由变动后重新担任此岗位的人员担任，并对其相应的职责负责。

3. 应急预案工作流程

根据本工程的特点及施工工艺的实际情况，认真地组织对危险源和环境因素的识别和评价，制订项目发生紧急情况或事故的应急措施，开展应急知识教育和应急演练，提高现场操作人员应急能力，减少突发事件造成的损害和不良环境影响。其应急准备和相应工作程序见图 6-4。

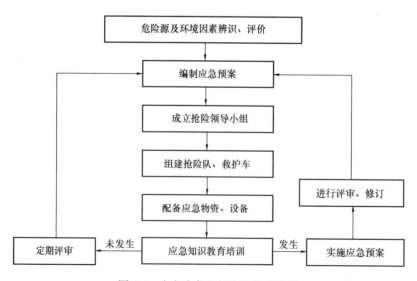

图 6-4　应急准备和相应工作程序图

4. 突发事件风险分析和预防

为确保正常施工，预防突发事件以及某些预想不到的、不可抗拒的事件发生，事前应有充足的技术措施准备、抢险物资储备，最大程度地减少人员伤亡、国家财产和经济损失，必须进行风险分析和预防。

1）地面沉降，支护变形过快

（1）禁止重型设备通过，发现异常情况，立即补架临时支撑，同时查明原因，根据情况采取措施。

（2）发现异常，立即加密对支撑轴力、围护结构水平位移、地面沉降监测频率，24h观察位移动态，以监测信息决定是否继续开挖或控制开挖进度和改变施工方案。

2）地下管道泄漏

（1）立即通知产权方；在产权方没有到达现场前，应积极采取措施进行补救，使损失减小到最低限度。

（2）在开工前，详细了解本地区的管道分布情况，并根据管道直径准备一定数量的应急抢修材料及配件，在发生紧急情况时，能够做到有备不乱，井然有序地处理事故。

（3）加强观测，分析原因采取进一步措施。

（4）若为煤气管道，先隔离人群、车辆，并禁止明火，然后采取相应措施。

3）暴雨侵袭，造成基坑内涌水，设备被淹

（1）准备足够数量的防雨篷布，在暴雨来临前对通往地下的出入口进行全部覆盖，防止雨水灌入。

（2）堆土场在雨水来之前，用防水篷布覆盖防止雨水冲刷。

（3）对材料、机械设备严格按雨期施工措施进行防雨防水。

4）明挖基坑设置临时排水设施，并保证排水效果。

5. 进行应急演练

为了在出现险情时处理迅速，不至于手忙脚乱，项目对预设险情进行实地演练，时间为每年的5～6月，使所有人员参与其中，并填写应急演练记录表，记录演练内容、人员分工、方案、处理程序等。

6. 应急响应

1）通信、联络方式

（1）内部联络通信：抢险领导小组成员移动电话必须24h开机，保证通讯畅通。

（2）外部联络通信：

当发生险情时通过固定电话或移动电话及时报告业主、监理、保险公司等有关单位，汇报情况。当在抢险过程中发生火灾、伤员等情况时及时联系相关部门。其中火警：119，报警台：110，急救电话：120。

2）报告、处理程序

（1）险情发生时，项目经理、项目副经理、总工程师立即去现场组织成立抢险领导协调小组，小组的构成由项目经理确定，抢险小组将全权负责事故的应急措施、方案制定、预案实施。

（2）险情发生后，现场除及时采取必要的抢险应急措施外，必须在第一时间内通知项目经理，由项目经理立即向各职能部门进行通报，同时进行抢险人员组织，当人员不足时，由小组组长进行统一安排。

（3）险情发生后，由相应的工程师及负责人在 12h 内写出书面报告，报项目经理及项目副经理，报告的内容包括：事故发生的时间、地点、事故发生的简要经过、事故损失的初步估计、事故发生原因的初步判断、事故发生后采取的措施及事故控制情况等。

（4）险情发生后，当事人（指全体员工，当有班长在场时，由班长执行）应在第一时间内将事情的经过、事态向项目部汇报；在第一时间内组织人员进行抢救（当抢救不过来，并危及抢救人员安全时，组织人员撤离到安全区域内，对事态的发展进行临时隔离，防止事态的发展、蔓延）；第一时间内保护现场，并对现场进行隔离；第一时间内将事态控制在稳定范围内。

（5）险情发生后，全体职工应特事特办、急事急办，主动积极地投身到紧急情况的处理中去。各种设备、车辆、器材、物资等应统一调遣，各类人员必须坚决无条件服从组长或副组长的命令和安排，不得拖延、推诿、阻碍紧急情况的处理。

第七章　环境保护

第一节　基坑工程周围环境的影响

在建筑林立、地下设施和管线纵横交错的复杂城市环境中，进行车站工程施工，必然会面临着工程环境保护的问题。

基坑开挖会对其周边环境带来长远和近期影响。因此基坑变形与沉降控制是工程成败的关键。基坑变形控制不当，轻则诱发建筑物开裂，导致居民投诉，重则出现管线破裂、房屋倒塌的现象，造成人力、物力、财力的巨大损失。

影响基坑的稳定性和变形主要有两个因素：基坑深度与平面形状、基坑地质条件与地下水位。

1. 基坑深度与平面形状

基坑的深度与平面形状决定基坑的开挖时间，而基坑工程又具有较强的环境效应，基坑开挖必将引起周围地基中地下水位的升降和应力场的改变，导致周围地基土体的变形，对相邻建筑物、构筑物及市政地下管网产生不良影响；同时基坑工程施工也会对环境造成各种各样的污染，直接影响到周边环境，在城市环境中尤其需要高度重视。

2. 基坑土层地质条件和地下水位

基坑地质条件和地下水位对基坑的稳定性和变形也有较大影响；在特殊地层中开挖，需提前进行坑底加固，围护结构增强，以防特殊地层引起基坑失稳，如坑底涌砂，水砂流失，造成基坑围护结构破坏。同时针对部分化工场地的污染性地层土，还应进行固结硬化处理，集中外运至有害物质弃土场进行深埋处理，以免造成环境污染事件。

深基坑开挖对周围环境的影响参见图7-1，流沙地层中破环性大变形参见图7-2。

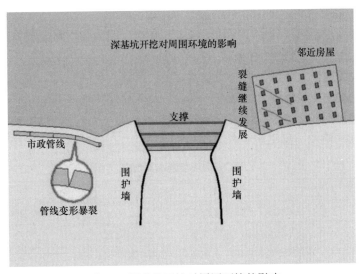

图 7-1　深基坑开挖对周围环境的影响

101

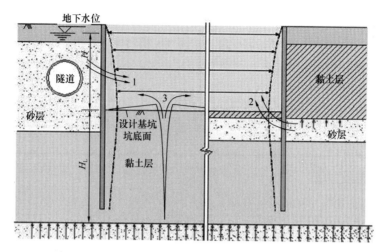

图 7-2　流沙地层中破环性大变形

第二节　施工现场环境保护的要求

1.施工现场环境保护的基本要求

（1）保护和改善环境，从而保护人民的身心健康，防止人体在环境污染影响下发生疾病。

（2）合理开发和利用自然资源，减少或消除有害物质污染环境。

2.环境保护的原则

（1）经济建设与环境保护协调发展的原则。

（2）预防为主、防治结合、综合治理的原则。

（3）依靠群众保护环境的原则。

（4）环境经济责任原则，即谁污染谁处理。

3.环境保护的要求

（1）工程的施工组织设计中应有防治扬尘、噪声、固体废物和废水等污染环境的有效措施，并在施工作用中认真组织实施。

（2）施工现场应建立环境保护管理体系，层层落实，责任到人，并保证有效运行。

（3）定期检查施工现场扬尘、噪声、水污染及环境保护管理工作。

（4）定期对职工进行环保法规知识培训考核。

4.施工环境影响的类型见表 7-1。

表 7-1　环境影响类型表

序号	环境因素	产生的地点、工序和部位	环境影响
1	噪声	施工机械、运输设备、电动工具	影响人体健康、居民休息
2	粉尘的排放	施工场地平整、土堆、砂堆、石灰、现场路面、进出车辆车轮带泥砂、水泥搬运、混凝土搅拌、木工房锯末、喷砂、除锈、衬里	污染大气、影响居民身体健康

序号	环境因素	产生的地点、工序和部位	环境影响
3	运输的遗撒	现场渣土地、商品混凝土地、生活垃圾、原材料运输当中	污染路面和人员健康
4	化学危险品、油品泄漏或挥发	实验室、油漆库、油库、化学材料库及作业面	污染土地和人员健康
5	有毒有害废弃物排放	施工现场、办公区、生活区废弃物	污染土地、水体、大气
6	生产、生活污水的排放	现场搅拌站、厕所、现场洗衣车处、生活服务设施如食堂等	污染水体
7	生产用水、用电的消耗	现场、办公室、生活区	资源浪费
8	办公用纸的消耗	办公室、现场	资源浪费
9	光污染	现场电焊、切割作业、夜间照明	影响居民生活、休息和邻近人员健康
10	混凝土防冻剂的排放	混凝土使用	影响健康

施工时应当遵守国家有关环境保护的法律规定，对环境有污染的施工工序应采取针对性措施，有效控制施工现场的各种粉尘、废气、固体废弃物、噪声、振动。

第三节 施工现场环境保护措施

1. 施工准备阶段环境保护措施

（1）在编制施工方案时，把文明施工列为主要内容之一，制订出文明施工措施。

（2）建立健全管理组织机构。工地成立以项目经理为组长，各业务部门和生产班组为成员的文明施工和环保管理组织机构。

（3）加强教育宣传工作，提高全体职工的文明施工和环保意识。

（4）制定各项规章制度，并加强检查和监督。

（5）在工程开工前，将详细的文明施工管理措施呈报给项目监理批准，并指派专职人员负责文明施工的日常管理工作。现场建立文明施工领导小组、文明施工综合班，具体负责文明施工管理工作。

（6）施工单位除每日要进行文明施工检查外要坚持日常的督促检查工作，不具备文明施工条件的不准开工、交工，坚决消除施工现场脏、乱、差现象，创造一个整洁有序、文明的施工环境。

（7）加强教育宣传工作，提高全体职工的文明施工和环保意识。

（8）加强文明施工管理，合理布置施工场地，合理放置各种施工设备。

2. 文明施工措施

（1）与当地居民及有关单位协调好关系，保持良好的施工环境。严格控制夜间噪声，保证周围环境清洁，不影响附近居民生活、工作。工地实行封闭管理，设门卫值班，派专人每天对围挡及场地进行清扫。

（2）全面开展创建文明工地活动，切实做到施工现场人行道畅通；施工工地沿线单位和居民出入口畅通；施工中无管线事故；施工现场应排水畅通无积水；施工工地道路平整无坑塘；施工区域与非施工区域必须严格分隔，施工现场必须挂牌施工，管理人员必须佩卡上岗，工地现场施工材料必须堆放整齐，工地生活设施必须卫生整洁。

（3）按专业、岗位、片区等分区包干，分别建立岗位责任制，把文明施工列入单位经济承包责任制中，按专业标准全面考核，按规定填写表格，计算结果，制表以榜公示。

（4）班组实行自检、互检、交检制度，要做到自产自清，日产日清，工完场清的标准管理。

（5）现场做到工完场清，料具堆放整齐，进场材料统一分类堆放，并设立醒目标识牌。

（6）施工工地必须挂牌施工，五牌一图应设在出入口、围挡等醒目的地方。

（7）严格执行"门前三包"制度，场地内无积水，及时清运废浆、渣土、垃圾，对现场进行彻底清扫，不留死角。

（8）清运废浆、碴土、垃圾时应设置可靠的防止滴、漏、抛、撒的措施，并安排在晚间进行外运。

（9）施工班组做好每日工序落手清工作，做到随做随清，工完料清，物尽其用，减少材料浪费。

（10）现场道路、堆料区域、生活区域有排水设施，有专人管理，保证场内整洁无积水现场。

（11）搅拌场地必须保持现场整洁，做到工完场清。

（12）现场泥浆采用泥浆罐车，罐车要密封良好，严禁泡、冒、滴，污染环境。单设运浆车停放场地，保证随叫随运及时清理。运浆车出大门时，派专人冲洗，并保持门外道路的卫生。在施工现场大门口，设置车辆冲洗设备，净车出场。大门两侧50m范围内设专人进行清扫，确保无建筑、生活垃圾的污染。

3. 现场管理环境保护措施

（1）实行施工现场平面管理制度，各类临时施工设施、施工便道、加工场、堆物场和生活设施均按经审定的施工组织设计和总平面布置图实施；若因现场情况变化，必须调整平面布置，调整后的总平面布置应及时上报并经上级部门审批，未经上级部门批准，不得擅自改变总平面布置。

（2）施工现场应进行合理的平面布置，临时设施井然有序。办公室、工具房、仓库及其他辅助用房均应布局合理，并做到室外整洁卫生。

（3）施工用机具、材料、设备和其他物品按平面布置定点整齐堆放；保证施工道路畅通无阻，有条件时安排专人驻守现场，负责保管。

（4）施工区域、危险区域应设醒目的安全警示标志，并定期组织专人检查。

（5）工地主要出入口设置交通指令标志和示警灯，保证车辆和行人的安全。

（6）施工区围挡，应稳固、整洁、美观，并定期清洗。

（7）施工现场设置以排水沟、集水井为主的临时排水系统，施工污水经明沟引流、集水井沉淀滤清后，间接排入下水道。

（8）住宿区落实"防台"、"防汛"和"雨季防涝"措施，配备"三防"器材。特殊情况下还应设值班人员，做好"三防"工作。

（9）工程材料、制品构件分门别类、有条理地堆放整齐；机具设备定机定人保养，保持运行正常，机容整洁。

（10）机械设备摆放整齐有序，电气开关箱（柜）完整上锁，安全保护装置齐全可靠，施工设备操作人员持证上岗，并设置岗位职责挂牌和安全操作规程标牌。

（11）加强土方施工管理，湿土应在场内暂堆，沥干后再驳运外弃。若场地紧张，可采取湿土直接外运，使用经专门改装的带密封车斗的自卸卡车装运湿土，防止湿土如泥浆沿途滴漏污染马路。

（12）加强泥浆施工管理，防止泥浆污染场地；废浆采用罐车装运外弃，严禁排入下水道或附近场地。

（13）设立专职的"环境保洁岗"，负责检查、清除出场车辆上的污泥，清扫受污染的马路，做好工地内外的环境保洁工作。

（14）建立环境卫生责任制，健全现场施工管理制度，落实文明施工措施，责任到人，执行到岗，并定期检验考核。

（15）保持现场卫生，严禁随地大、小便。剩饭、剩菜、厨余垃圾、生活垃圾分类储存、处理。

4. 项目驻地工人宿舍环境保护措施

（1）现场施工场地，办公、生活区、房间要整洁、有序，保障现场施工与生产环境和施工秩序始终处于最佳状态。

（2）生活区应设置醒目的环境卫生宣传标牌责任区包干图。现场"五小"设施齐全、设置合理。

（3）安排好施工人员食宿、洗澡等生活措施，加强食堂和生产区的管理，保障饮食卫生和生产环境卫生，生活设施要符合卫生部门的要求。

（4）生活垃圾要有专门容器存放，专人管理，定时清除。

（5）宿舍统一设功率限制器，日常生活用品力求统一并放置整齐，现场办公室、更衣室、厕所等应经常打扫，保持整齐清洁。

（6）除四害要求：防止蚊蝇滋生，同时要落实各项除四害措施，控制四害滋生。生活区内做到排水畅通，无污水外流或堵塞排水沟现象。有条件的施工现场进行绿化布置。

（7）对职工加强教育，提高职工的素养，职工要注意个人卫生，讲究礼貌，养成遵章守纪和文明施工习惯。

5. 降噪措施

1）工程施工噪声源主要有以下几种：施工机械、施工活动、运输车辆等。

2）施工过程中向周围环境排放的噪声应符合国家和本市规定的环境噪声施工现场排放标准。现场噪声排放不超过国家标准《建筑施工场界环境噪声排放标准》（GB 12523—2011）的规定。在施工场界对噪声进行实时监测与控制。监测方法执行国家标准《建筑施工机械与设备噪声测量方法及限值》（JB/T 13712—2019）。

3）工程开工15日前向当地政府环保部门提出申请，说明工程项目名称、建筑名称、建筑施工场所及施工工期可能排放到建筑施工场界的环境噪声强度和所采用噪声污染防治措施等。

4）施工噪声标准：

（1）对施工噪声的控制，选用噪声和振动符合城市环境噪声标准的施工机械，同时采用低噪声施工工艺和方法。

（2）作业时间严格按照当地文明施工规定要求，夜间尽量不施工。

（3）按照工序要求和施工作业噪声的限制，合理安排作业时间。

5）现场施工噪声的监控：

（1）除抢修、抢险作业外，生产工艺必须连续作业的或者因特殊需要必须连续作业的，应报请环境保护部门批准。

（2）采取措施，把噪声污染降低到最小程度，并与地居民保持沟通，获取理解。

（3）合理安排作业时间，将浇筑混凝土等噪声较大的工序安排在白天进行，在夜间避免安排噪声较大的工作。

（4）尽量使用商品混凝土，混凝土构件工厂化，减少现场加工量。

（5）运输材料的车辆进入施工现场，严禁鸣笛。装卸材料做到轻拿轻放。使用低噪声、低振动的机具，采取隔声与隔振措施，避免或减少施工噪声和振动。

（6）加强环保降噪意识的宣传，采用有力措施控制人为的施工噪声，严格管理，最大限度地减少噪声扰民。

（7）严格控制强噪声作业，施工现场将空压机等强噪声机具设置在远离居民楼的区域，并搭设隔声效果好的封闭式隔声棚。

（8）机电安装施工机具采用低噪声环保产品，对于采购物资，选择符合国家环保要求的产品，减少对环境的污染。

（9）若工程与居民区距离较近，在施工过程中在使用空压机、风动潜孔锤等噪声较大的设备时，要严格控制施工时间。

（10）对于切割机等高频噪声机械尽可能集中在白天某一时段使用。如使用发电机，采用木板进行隔声。在施工时，施工人员严禁大声喧哗，用力敲打机械。

6. 防尘措施

（1）施工区域内设置视频监控系统及扬尘监控系统，视频监控系统覆盖整个施工现场，实现对施工现场全方位监视的需要，做到监控部位无盲区，扬尘监控系统能及时监控现场扬尘情况，做到早发现，早控制。对于易产生扬尘的设备、操作过程、施工对象等，制定控制扬尘的具体措施，配备适量的雾炮车。

（2）施工现场主要道路根据用途进行硬化处理，土方应集中堆放。裸露的场地和集中堆放的土方采取覆盖、固化或绿化等措施。所有施工现场均做到及时清扫、洒水降尘。

（3）施工现场易飞扬、细颗粒散体材料的储存、运输，采用密封容器。施工现场出口处设立洗车槽。定期对运输车辆进行尾气测试，测试不合格的车辆不得继续使用，直到修理合格为止。车辆按指定路线行驶，不发生抛、洒、滴、漏现象。

（4）现场设立固定的垃圾临时存放点，并在各区域设立足够的垃圾收集点。严禁随意凌空抛撒，施工垃圾及时清运，并适量洒水，减少污染。

（5）水泥和其他飞物、细颗粒散体材料，安排在库内存放或严密遮盖，在运输、卸运和使用时轻拿轻放，防止遗洒、飞扬，减少污染。

（6）现场配备专门的洒水设施，设专人每天对现场道路进行清扫工作，并洒水降尘，以防止车过尘起。

（7）风动潜孔锤钻孔过程中，安排专人采用高压水枪喷射钻孔部位，减少施工中产生的粉尘。

（8）当钻孔施工灰尘较大时，采用边钻孔边向孔内注水的方式控制灰尘。

（9）钢筋加工棚、露天仓库或封闭仓库区域并做到每天清扫，经常洒水降尘。为防止运输车遗撒，要求所有运输车清理干净后方可出现场。

（10）现场禁止使用各类明令禁止的对大气产生污染的建筑材料。如不在施工现场熔融沥青或焚烧油毡、油漆以及其他产生有毒、有害烟尘和恶臭气体的物质。

（11）在材料存放场清理材料时，轻拿轻放。

7. 水污染防治措施

（1）工程排放的废水主要有以下几种：基坑降水抽排的地下水、雨水、生活废水、搅拌及各种设车辆清洗废水等。

（2）在工程开工前完成工地排水和废水处理设施在整个施工过程中的有效性，做到现场无积水、排水不外溢、不堵塞、水质达标。

（3）雨期施工时制定有效地排水措施，钻（冲）孔桩的施工现场有效的废浆处理措施，对桩基溢出的泥浆经过沉淀池沉淀后再进入泥浆池循环利用，对沉淀池定期进行清理，拉运至隧道弃渣场丢弃。

（4）根据施工实际，考虑当地降雨特征，制订雨期、汛期排水应急预案，并在需要时实施。

（5）施工现场设置专用油漆油料库，库房地面墙上做防渗漏处理，存储、使用、保管专人负责，防止油料跑、冒、滴、漏。

第四节　基坑工程环境保护措施重难点

1. 地下连续墙相关环境保护措施

1）地下连续墙施工中产生大量的废浆，泥浆循环系统的管理是文明施工的重点，场地管理人员要随时注意该系统工作是否正常，遇异常情况必须及时处理，为有效保障现场的文明、清洁，可采取如下措施：

（1）场地上挖排水沟槽，以便场地集水，便于排放。

（2）设专门的清洁班，24h 昼夜清扫卫生。

（3）设多个小型泵站，随时将废送回沉淀池。

（4）配备足够的泥浆车，及时将废浆外运，进出车辆必须冲洗干净，方可出场。

2）地下墙施工因施工工艺上的连续性，夜间施工在所难免，为避免不良影响，在夜间施工时采用如下措施：

（1）与环保部门联系，申请夜间施工许可证，做到合法施工。

（2）尽量把噪声大的施工安排在白天进行。

（3）及早与附近单位和居民取得联系，做好配合，争取得到理解，预防发生纠纷，加强文明施工教育、加强环保意识，使每一位施工人员都认识文明施工的重要性，营造良好的施工环境。

2. 型钢混凝土搅拌桩相关环境保护措施

切实贯彻环保法规，严格执行国家及地方政府颁布的有关环境保护、水土保持的法规、方针、政策和法令，结合设计文件和工程实际，及时提出有关环保措施。工作面平整、无积水。全面开展创建文明工地活动，施工中无管线高放；施工现场排水畅通无积水；施工现场道路平整无坑塘；施工区域与非施工区域必须严格分离。

1）扬尘对大气污染的控制措施。型钢水泥土搅拌桩工法施工水泥用量大，同时存在剩余土方，将产生水泥灰尘和泥土灰尘，对大气污染影响大，施工时，应采取以下措施进行控制：

（1）使用人工搬运、投放水泥时，搅拌区应采取封闭措施，减少水泥灰尘向大气飘散。

（2）使用搅拌、计量机械进行水泥浆搅拌时，水泥储藏罐及进入搅拌池的通道应密闭，防止水泥外泄。

（3）场地内泥土及时清扫，保持道路清洁，减少泥土灰尘产生。

2）预防地表水和地下水污染的措施。型钢水泥土搅拌桩不使用泥浆，对地表水或地下水污染较小，是一种环保的工法，但因大量使用水泥浆液，对地下水和地表水污染威胁大，采取正确的措施，能避免地表水和地下水污染事故。

（1）水泥浆搅拌池应采取措施，防止地表水流入使水泥浆外泄，污染地表水和地下水。

（2）水泥浆配置数量准确，无多余浆液剩余，若有剩余，采用弃土混合搅拌，防止水泥浆残余量流出。

3）弃渣处理：本工法弃渣主要为水泥土，水泥土在搅拌时，呈流塑状态，但经过一段时间的晾晒，变成具有一定强度的水泥硬土，可作良好建筑地基土，同时，方便运输，在外运过程中，不易发生外泄，处理方便。但因工法使用水泥浆水灰比较大，返浆水泥土较多，必须有较大的空场地进行临时屯放。

4）防振动措施：

（1）加强各种施工机械的保养维护，保持良好的施工状态，严格控制机械振动源产生，特别当桩机搅拌时的振动，应清除地面障碍物，采用多轴搅拌机，增加钻杆刚度，防止钻进深度加大后，钻杆弯曲产生振动。

（2）桩机施工时，地面平整，底盘平稳，防止桩机整体振动。

5）生态环境控制措施：

（1）夜间施工，照明灯光应合理布置，既能照明工地，又不影响周边环境。

（2）施工污水必须经过沉淀处理后，才能对外排放。

（3）施工建筑垃圾例如弃渣等处理，必须经过主管部门审批后，进行合法处理。

6）废弃物及时运至经环保部门指定的位置进行处理。

7）采用有效措施，消除施工污染，施工和生活废水采用沉淀池等方式处理，清洗集料或含有油污的废水采用集油池的方式处理，不得污染水源及耕地。施工地点要防治噪声污染。施工便道需经常洒水，防止扬尘。

8）工地现场材料必须堆放整齐，现场材料由材料员统一管理。工程材料，制品构件分门别类，有条理地堆放整齐，机具设备定机定人保养，保持机容整洁，运转正常。

9）工地上制定卫生制度，定期进行大扫除，保持生活设备整洁卫生和周围环境卫生。

10）强化环保管理，健全环保管理机制，定期进行环保检查，及时处理违章事宜，并与当地的环保部门建立联系，接受社会及有关部门的监督。

11）文明施工要求的各项资料由专人负责，做到及时准确，施工中严格按照施工组织设计实施各道工序，工人操作要求达到标准化、规范化、制度化，做到工完料清，场地上无积水，施工道路平整畅通，实现文明施工。

12）加强环保教育，宣传有关环保政策，强化职工的环保意识，使保护环境成为参建职工的自觉行为。

13）开沟槽挖出的土体定点堆放。由于桩体原土经充分切削为松散土，同时压入水泥浆后经充分搅拌将置换出大量水泥浆土，流入预先挖好的沟槽中；先将水泥浆掏挖出来，堆放在预先挖好的贮槽中，进行充分沉淀固结，达到一定干度后与沟槽土一起定期及时分批外运处理；防止污染施工现场，严禁乱置弃土。

14）如发生泥浆或油料泄漏，应立即按照应急预案有关措施进行处理。

3. 固体废物污染防治措施

（1）固体废物污染环境的防治，实行减少固体废物的产生，充分合理利用固体废物和无害化处置固体废物的原则。本工程产生的固体废物主要有以下几种：混凝土、砂浆、碎砖等工程垃圾，混凝土的保温覆盖物，各种装饰材料的包装物，生活垃圾及施工结束后临时建筑拆除产生的废弃物等。

（2）减少固体废物产生的措施：混凝土、砂浆等集中搅拌，减少落地灰的产生；钢筋采用加工厂集中加工方式，减少废料的产生；临时建筑采用活动房屋，周转使用，减少工程垃圾。

（3）综合利用资源，对固体废物实行充分回收和合理利用。固体废物综合利用的措施：工程废土集中过筛，重新利用，筛余物用粉碎机粉碎，不能利用的工程垃圾集中处置；建立水泥袋回收制度；施工现场设立废料区，专人管理，可利用的废料先发先用；装饰材料的包装统一回收。

（4）有利于保护环境的集中处置固体废物措施：施工现场设固定的垃圾存放区域，及时清运、处置建筑施工过程中产生的垃圾，防止污染环境。

（5）加强固体废物污染环境防治的研究、开发工作，推广先进的防治技术和普及固体废物污染环境制防治的科学知识。

（6）制订泥浆和废渣的处理方案，选择有资质的运输单位，及时清运施工弃土和弃渣，在收集、贮存、运输、利用、处置固体废物的过程中，采取防扬散、防流失、防渗漏或其他防止污染环境的措施。建立登记制度，在运输过程中沿途不遗撒固体废物。

（7）土方、渣土自卸车、垃圾运输车全封闭，运输车辆出场前清洗车身、车轮，避免污染场外路面。

（8）对收集、贮存、运输、处置固体废物的设施、设备和场所，加强管理和维护，保证其正常运行和使用。

（9）提高施工人员素养，不随地乱丢垃圾、杂物，保持工作和生活环境的整洁。

（10）施工中产生的建筑垃圾和生活垃圾，应当分类、定点堆放，并与环卫公司签订合同，由环卫公司进行专业化清运，不得乱堆乱放；建筑物内的垃圾必须袋装清运，严禁向外抛扬。

4. 油料、化学品的控制措施

（1）油料、化学品贮存要设专用库房。

（2）油料化学品等物资一律实行封闭式、容器式管理，施工现场固体有毒物袋装储存，液体物采用封闭式容器储存。

（3）尽量避免泄漏、遗撒；如发生油桶倾倒，操作者应迅速将桶扶起，盖盖后放置安全处，用棉丝蘸稀料将地面上不可回收的油漆处理干净，将油棉作为有毒有害废弃物予以处理。

（4）化学品及有毒物质使用前应编制作业指导，并对操作人员进行培训。

（5）有毒物质消纳应寻找有资质单位，实行定向回收。

第五节　施工环保计划

1. 环境监测计划

（1）施工现场的环境监测由项目总工程师组织实施，由安全环境管理部负责。监测的对象包括场界噪声、污水排放及粉尘等；监测的频率：每月一次，施工淡季和非高峰期每季监测一次。

（2）项目部施工现场噪声监测由项目部自行完成，并做好监测记录，污水排放与地方环保部门办理排污许可证，项目配制沉淀池等设施，并作定期检查清理。

2. 环境监控计划

项目部在实施噪声和污水环境监测的同时，对粉尘排放等不易量化的环境因素进行定性检查，监控环境目标和指标的落实情况。

3. 防止和减轻水、大气污染计划

（1）严格按施工总平面图的布局进行管理，在生活区范围设置生活污水汇集设施，防止污水直接汇入河流、水道、湖泊或灌溉系统。

（2）施工中和生活区所产生的废碴和垃圾，集运到当地环保单位指定的地点堆放，不得随意乱堆弃。施工中拌和或筛分无机结合料时要采取喷水抑尘措施。

（3）水泥应采取袋装或罐装运输，石灰应遮盖运输，并按规划地点堆放。

4. 临时设施工程管理计划

（1）采取一切合理措施，对施工作业产生的灰尘进行洒水等防尘措施，对有挥发性的材料如水泥、石灰等在运输和堆放过程中，要加以遮盖、防止抛扬。

（2）所有抽排出的水，不能浸泡工程基础，排水的方式不可影响土地所有者。采取一切措施，防止将含有污染物质或可见悬浮物的水排入河流、水道或现场的灌溉或排水系统中，不得干扰河流，水道或现有的灌溉或排水系统的自然流动。

（3）施工中采取一切预防措施，防止土地以及水域的土壤受到冲刷，并积极采取措施，防止施工中挖出的或冲刷出来的材料在水域中产生淤积。

5. 加强运输车辆的管理计划

（1）运输车辆的车保持与容整洁，车箱完好。车辆装载不宜过满，对易产生扬尘的车辆用篷布遮盖，在施工场地出入口设冲洗槽，配备高压水枪。

（2）加强现场运输车辆出入的管理，车辆进入禁止鸣笛，对钢管、钢模、钢模板的装卸，采用人工递送的办法，减少金属件的碰撞声。

6. 防火计划

施工现场严格执行《中华人民共和国消防条例》和公安部关于建筑工地防火的基本措施。加强消防工作的领导，建立一支义务消防队，现场设消防值班人员，对进场职工进行消防知识教育，建立安全用火制度。

7. 环境卫生计划

（1）施工现场设专人负责卫生保洁，保持现场整洁卫生，道路畅通、无积水。

（2）在现场大门口设置简易洗车装置，对进出现场的运输车辆车轮携带物清洗，做好防遗撒工作。

（3）现场设封闭垃圾站，集中堆放生活及施工垃圾。

（4）办公室实行轮流值班，每天清扫，保持室内清洁，窗明地净。

（5）施工现场不许随地大小便，厕所墙壁、屋顶要严密，门窗要齐全，并设专人管理，经常冲洗，防止蚊蝇滋生。

（6）食堂及时办理卫生许可证，炊事人员持健康证和卫生知识培训证，上岗必须穿戴整洁的工作服、帽，个人卫生做到"四勤"。食堂内无蝇、无鼠、无蛛网，保持炊具卫生，杜绝食物中毒。

（7）设立开水间，保证开水供应，做到不喝生水。

（8）职工宿舍达到整齐干净，空气清新。

（9）现场必须节约用电，白天不准有长明灯，昼夜不准有长流水。

8. 施工现场不扰民计划

（1）按工艺要求，避免夜间施工扰民。

（2）夜间施工时，应安排噪声低的工种进行施工。

（3）施工工艺要求，必须24h连续施工的，应先到环保部门办理夜间施工许可证。

（4）成立以项目经理、施工员、安全员以及班组长为主的防止扰民领导小组。

（5）降低混凝土振动器噪声，将高频振动器施工改为低频率振动器（混凝土振动器）以减少施工噪声。

（6）降低钢模施工带来的噪声，在居民生活区内的施工现场，小钢模改为竹胶板，以减少振动器冲击钢模产生的噪声。

（7）木工机械使用时，出料口应设三角形开口器减少木料夹锯片发出的噪声，或设在地下室。

（8）对施工人员进场进行文明施工教育，施工中或生活中不准大声喧哗，特别是晚10时之后、早6时前，不准发出人为噪声。

第八章　相关施工案例

第一节　地下连续墙施工案例

1. 工程简介

上海地铁明珠线二期西藏南路站,位于黄浦区西南部西藏南路与中山南路交会处,横跨西藏南路,在中山南路北侧。车站平面布置图参见图 8-1。

车站东西向布置,本车站主体结构①~⑫轴为地下三层三跨结构,覆土厚度 3.9m,其中⑦~⑩轴为地铁 M8 线中山南路站十字换乘段(三层三跨),⑫~㉓轴采用地下四层三跨框架结构。车站外包长约 171.62m,宽约 23.12m,车站标准段基坑开挖深度约为 23m,端头井开挖深度约 25m,车站主体结构采用 1000mm 厚地下连续墙,标准段墙深 38m,端头井墙深 40m,地下连续墙混凝土强度设计值 C30,抗渗等级 P8,实际施工采用 C35,S8。接头采用圆形锁口管柔性接头,每幅地下连续墙设 φ48 墙趾,注浆管两根,且地下连续墙与主体结构采用钢筋接驳器连接。

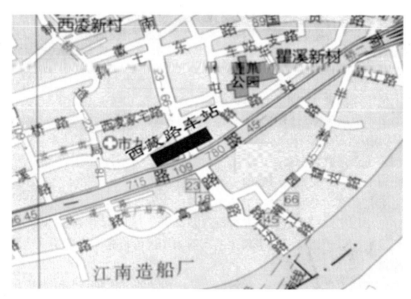

图 8-1　车站平面布置图

2. 水文地质条件

孔隙潜水层:场区浅层地下水属潜水类型,主要受大气降水和地表水补给影响,勘察期间地下水位埋深为 1.0~1.25m。年平均地下水高水位埋深 0.5m。

深层承压水层:本车站基坑开挖深度为 23.1~25.0m,基坑开挖以下有承压含水层(第⑦层砂土层),场区第⑥层隔水层及第⑦层层面埋深及厚度均有一定起伏变化。承压水影响程度各处不一,车站东端影响最为严重。在车站东端第⑦层层面埋深约 33.1m,基坑深约 25m，即基坑底至承压含水层顶板土层厚度仅 8.1m，车站中段和西端影响较小，第⑦层层面埋深最大处约 41.1m，基坑深度按 23.1m 考虑时，基坑底至承压含水层顶板土层厚度约 18.0m。根据 2 个孔的承压水观测资料，水头高度分别约达 24.58m 和 31.29m。根据上海市《深基坑工程降水与回灌一体化技术》（DB31/T 1026—2017）中承压水验算公式估算，抗承压水头的稳定性安全系数 Ky 只有 0.6~1.0m，均小于规范要求，不能克服承压水的水头压力，需采取安全可靠的降水措施，以防基坑突涌。

地下障碍物：拟建场区浅部地质条件较为复杂，涉及居民住宅楼地下基础、主干道路地下管线等，对施工可能有一定影响。

水质分析：拟建场区周围为居民住宅，无污染源，根据本次勘察所取地下水（潜水）水样分析结果可知，本场区地下水对混凝土无腐蚀性。

3. 工程特点

（1）本工程位于中山南路、西藏南路交汇处，横跨西藏南路，在中山南路北侧。地处交通繁忙地段，施工期间要确保西藏南路有 20m 路宽，以保证交通畅通。

（2）车站地处上海市中心地带，地下重要市政管线及地面架空线较多，其中部分地下管线横穿地铁车站，部分地下管线离车站基坑较近。施工过程中应积极配合业主作好管线迁移及保护监测工作。

（3）施工场地周边有居民住宅及高架道路等建筑物存在，对这些建筑物的保护亦为重要。

（4）施工区域内地质条件复杂，土层较多，基坑所涉及土层极易发生管涌及流砂。且在场地范围内有承压水存在。这些不良地质现象对地下连续墙施工带来较大风险。

4. 主要技术措施

1）本工程位于中山南路和西藏南路交叉路口，且横穿西藏路口。在车站施工期间必须保证两条干道的交通畅通，需临时改变西藏南路在车站范围处的道路线形。故拟设临时道路，采用借一还一的翻交法借用道路组织施工。由于西藏南路现有道路有效宽度约为 22.5m（包括非机动车道），为了确保交通通畅，临时便桥应保证 22.5m 的路宽。临时通道布置在西藏南路东侧端头井范围内，经实地勘察此处有足够的场地进行临时道路布置。

2）施工范围内管线较多，进场应立即核对，通过召开管线协调会，探明管线所在。对于西藏南路上横跨车站的市政管线，采用与道路翻交同步搬迁于临时便桥下。待西藏南路施工完成再迁回的保护措施。对于其他离地铁车站较近的管线，采用保护性监测措施进行保护。

3）对于周边建筑物，应首先查明其基础形式；对较近建筑物可进行注浆加固基础，并严密监测。对较远建筑物宜采用保护监测。

4）施工区域地质条件差，为确保地下连续墙正常施工，拟在地下连续墙施工时采用以下措施：

（1）导墙制作采用加设下翼板的方法，增加道路宽度、刚度。

（2）成槽设备选用有纠偏装置及抓斗重量大的机型，优先考虑宝峨、真砂。

（3）在地下连续墙施工时保持槽壁的稳定性、防止槽壁塌方。对槽壁的稳定进行验算，对拌制泥浆的原料进行分析对比后拟用钠基土。

（4）地下连续墙施工中，对承压水可采取以下措施：

适当加大泥浆相对密度，使泥浆自重产生足够大的压力防止承压水外涌；施工中严密观测泥浆液面标高，保证泥浆液面在导墙顶面下不超过 30cm；对槽段内泥浆经常进行测量，发现异常（尤其是泥浆相对密度与泥皮厚度）及时换浆；控制泥浆指标，在施工中经常检测，一旦发现异常，及时进行换浆。

在较硬土层中成槽时，由于地下连续墙较深，尤其在盾构工作井处深度达 40m，需穿越⑥层土，⑦-1 层土。由于土质较硬，针对这种情况拟采用宝峨液压成槽机，选用适合在硬质土层中挖土的 DHG 标准抓斗中的 C 型抓斗施工。

在该段成槽时可能速度较慢，故在施工时应根据实际情况调整泥浆配比，确保成槽不产生塌方。为以防万一，在试成槽时如发现土体强度较大，成槽机成槽速率明显减慢，影响工期时，可采用"两钻一抓"方法成槽，即：利用钻孔灌注桩成孔法，在地下连续墙成槽机每副槽段两侧，预先成孔，形成导向孔，使抓斗有一定的预先切土深度，充分利用抓斗闭合油泵压力切土。

"两钻一抓"的关键在于钻孔的垂直度与精度，也是确保地下连续墙精度的关键，为此钻孔机械一定要选用精度高，垂直性好的机械进行施工。

5）在原有抓斗捞抓法清基的基础上，考虑到还不能完全清理干净，再用高扬程的排污泵，进行泵吸收反循环清基。

6）锁口管采用近期重新加工的月亮板插片式锁口管，改变以前用单轴铰接的锁口管，以减少管子的纵向变形。

7）采用大型起重设备，对钢筋笼一次吊装入槽，减少因钢筋笼分节制作造成的时间过长对槽壁稳定产生影响。

8）本次槽段混凝土每幅方量都在 200m³ 以上，故控制混凝土浇注时间很重要。这主要涉及到混凝土的供应问题，在开工前即准备落实合格的混凝土供应商，及相关的供应线路，与政府部门相协商，确保混凝土供应及时，避免因供应不及时而造成槽段混凝土的断带等。

5. 地下连续墙施工技术方案

1）设备选型：根据场地情况，本工程配备 1 台宝峨绳索式成槽机，配备 DHG-C 抓斗，一台 200t 和一台 150t 履带吊机。

2）准备工作：首先进行施工现场的平面布置规划，其次进行水、电移交及管道线路布设，后施工导墙、道路、泥浆池、钢筋平台、冲车槽、排水沟、地坪。

3）导墙制作：

（1）本工程地下墙深达 40m，在＋0.52m 处 5m 范围内又有流塑状态的灰色淤泥质粉质黏土夹粉土，锁口管的重量大，混凝土浇注时间长，起拔锁口管摩擦力相应增加等因素，导墙采用"］［"型整体钢筋混凝土结构，即在常用的"┐┌"型基础上加设下翼板。导墙上翼宽 1000mm，下翼宽 600mm，肋厚 200mm，高≥1500mm，钢筋为 φ14@200 双向布置，保护层为 50mm，混凝土强度等级为 C20。

（2）导墙高度以开挖至原土面为准。对类似建在原有拆除建筑物上或有地下设施部位的导墙，要探明地下障碍物的情况，及时清除后再建，避免对成槽产生不必要的影响。对于底部较潮湿的土体适当掺入水泥制作成水泥土，以利于土体快速板结。对于碰到人防部位的，导墙的高度相应增加。

（3）在导墙的制模工作完成后，对模板的稳定，轴线尺寸的复核验收及混凝土浇筑面做好标注后，才可以进行混凝土浇筑。导墙要对称浇筑，强度达 70%后方可拆模，其间要作好必要的混凝土浇水养护工作。拆除后设置 100mm×100mm 的木支撑，木支撑设上下二道，横向间距 1500mm，上下错开，按梅花布置。导墙顶面铺设必要的安全网片，以保障施工安全。

（4）导墙内墙面要垂直，内外导墙间距 1050mm，墙面不平整度小于 5mm，墙面与纵横轴线间距的允许偏差±10mm，内外导墙间距允许偏差±5mm。导墙面应保持水平，混凝土底面和土面应密贴。混凝土养护期间起重机等重型设备不应在导墙附近作业停留，成槽前支撑不允许拆除，以免导墙变位。地下连续墙导墙、道路示意可参照图 8-2。

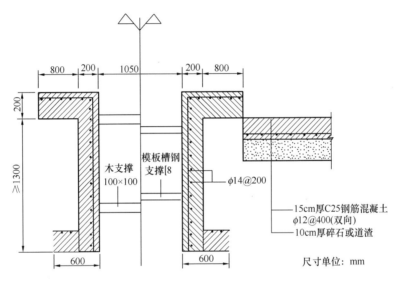

图 8-2　地下连续墙导墙、道路

4）泥浆工艺

在地下连续墙施工时，泥浆性能的优劣直接影响到地下连续墙成槽施工时槽壁的稳定性，是一个很重要的因素。如发生塌方，不仅可能造成埋住挖槽机的危险，使工程拖延，同时可能引起地面沉陷而使挖槽机械倾覆，对邻近的建筑物和地下管线造成破坏。若在吊放钢筋笼后，在浇筑混凝土过程中产生塌方，塌方的土体会混入混凝土内，造成墙体缺陷甚至会使墙体内外贯通，成为产生管涌的通道，还会使周围地面产生严重的沉降。因此，槽壁塌方是地下连续墙施工中极为严重的事故。场地狭小，机械设备不可避免的在槽边运动，所以在成槽时很容易引起塌方问题，如果大面积塌方将危及道路、管线及周围建筑群的安全。

（1）泥浆拌制

泥浆搅拌严格按照操作规程和配合比要求进行，对原料进行确认可用后，应做小样试验，当达到要求值后，方可进行批量拌制。批量拌制时，应对投入量进行正确的计量，泥浆拌制后，应静置一段时间，让其充分发酵，按经验可直接目测，即浆池中泥浆面有无板结块体产生，这段静置时间一般超过 24h。

（2）泥浆使用

泥浆经静置发酵后方可使用。泥浆由后台通过泵吸管路输送至成槽的槽段中。随着成槽深度的增加，泥浆也源源不断地输入，直至成槽结束。

在输入过程中，严格控制泥浆的液位，保证泥浆液位在地下水位 0.5m 以上，并不低于导墙顶面以下 0.3m，液位下落时要及时补浆，以防塌方。整个施工过程应做到及时准确供应浆液，避免造成供应过多，浆液溢出导墙，或供应过少，浆液不足而造成土体塌落的情况发生。

泥浆是循环利用的，在成槽施工中，泥浆会受到各种因素的影响而降低质量。为确保护壁效果及混凝土质量，应对槽段被置换后的泥浆进行测试，对不符合要求的泥浆进行处理，直至各项指标符合要求后方可使用。

因废浆的产生，会造成整体浆量的减少，所以后台的浆量补充要及时跟上，避免浆量不足而影响施工进度。新的补充浆量在符合要求后方可使用。

（3）废浆处理

对严重污染及超密度不能再作处理的泥浆作废浆处理，用全封闭运浆车运到指定点，保证城市环境清洁。

5）成槽施工：

（1）槽段划分：根据设计图纸将地下连续墙共划分为 79 幅槽段。在制作完导墙后，对地下连续墙的划分再做一次核定。

（2）槽段放样：根据设计图纸作进一步核定的槽段尺寸在导墙上精确定位出地下连续墙分段标记线，并根据锁口管实际尺寸在导墙上标出锁口管位置，以便于成槽机成槽，锁口管吊放，钢筋笼吊放的定位工作。

（3）成槽设备选型：本工程地下连续墙厚度 1000mm，根据施工工期，成槽机宜采用一用一备。成槽机均配备有垂直度显示仪表和自动纠偏装置。

（4）成槽机垂直控制：根据地下连续墙的垂直度要求（垂直度为 3‰），成槽前，利用水平仪调整成槽机的水平度，利用经纬仪控制成槽机抓斗的垂直度。即抓斗入槽时，一定要垂直。

成槽开始时，先对抓斗进行左右、前后的定位，并在导墙上做好标记，成槽开始后，要由专职指挥员指挥入槽，以确保每小幅中每抓都在同一位置。

在抓斗未埋入导墙面时，每斗都要进行垂直度的测量，因为此时槽壁的轨迹还未正式形成，由于抓斗的前后摆动，极易造成倾斜，一旦倾斜的角度形成，就会造成更大的倾斜轨迹，后续纠偏难度更大，也容易造成槽壁的失稳。同时，当土质不均匀或碰到零星硬物时，会产生偏差，此时应根据实际情况，在导墙与抓斗间垫放物件，进行纠偏工作，防止偏差扩大。

成槽过程中，利用成槽机上的垂直度仪表及自动纠偏装置来保证成槽垂直度，垂直度仪表的显示数值是区间性的，作为操作人员，需仔细查看显示数值，根据经验合理调整纠偏角度，防止槽壁产生 S 形的情况发生。液压设备成槽示意参照图 8-3。

（5）成槽挖土：成槽过程中，抓斗入槽、出槽应慢速、稳当，根据成槽机仪表及实测的垂直度情况及时纠偏。

由于墙的深度及土质情况，当成槽深度超过 30m 后，可能会使成槽速度放慢，可根据情况在抓斗上施加配重，用来加快速度。

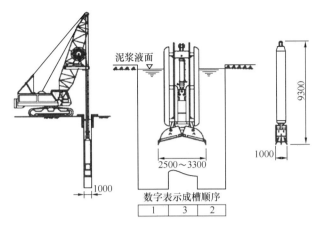

图 8-3　液压设备成槽示意

抓斗出槽时，或多或少会把土体带上来，撒落在导墙上，在接近设计槽底 5m 处开始，严禁将导墙上的土体铲入槽段内，而是用小车将土马上托运至别处，防止给后续的清基工作带来影响。

在抓土时槽段两侧采用双向闸板插入导墙，使该导墙内泥浆不受污染。

（6）槽深测量及控制：根据导墙实际标高计算成槽深度，以保证地下连续墙的设计深度。

槽深采用标定好的测绳测量，在抓斗绳索上根据不同地下连续墙的深度作好标记，此标记在离槽底 1.5m 处，在到达离槽底 1.5m 后，以后的每抓都用测绳测量，以控制槽段超挖。在临近槽底，又根据每抓深度，可能一抓会超过槽底时，及时与操作人员配合，调整绳索的变幅，以使成槽深度符合要求。

每槽段根据宽度测 2～3 点，作最后的深度确定，此时注意测绳一定要垂直放下，测完一点后，须提高液面后再测量一点，避免测绳在浆液中斜走而测出斜距，影响正确的读数值。

6）清基及接头处理

成槽完毕采用捞抓法清基，即采用抓斗慢放、轻抓，地毯式地对槽底进行清淤，再增加 50m 扬程的排污泵进行泵吸反循环清基。

保证槽底沉渣厚度不大于 100mm；清空后槽底泥浆相对密度不大于 1.15。

为提高接头处的抗渗及抗剪性能，对地下连续墙接合处，用外型与槽段端头相吻合的接头刷，紧贴混凝土凹面，上下反复刷动 5～10 次，刷除附在凹面上的泥皮，保证混凝土浇注后密实，不渗漏。

7）基底处理

在地下连续墙成槽完毕，经过检验合格后，在下锁口管、钢筋笼、导管的过程中，总会有一些沉渣产生，这将影响以后地下连续墙的承载力并增大沉降量。所以对基底沉渣进行处理就显得十分必要。

在钢筋笼上通常安装两根注浆管，注浆管的下端比实际槽深深最小 0.5m。压浆管安装时不与钢筋笼焊接，而是采用中间导向箍，上面与钢筋笼麻绳绑扎的形式挂靠，在钢筋笼到位后，松开麻绳，让其自由下落，以便插入土体中。浆管的长度根据成槽深度配料，下至槽底＋0.5m，上至圈梁顶面＋0.1m。浆管底部0.5m范围内开梅花孔，同一截面四孔，高度0.1m均布，用胶布绑扎。

在地下连续墙混凝土达到设计标高后，开始压入水泥浆，注浆压力0.2～0.4MPa，水泥浆水灰比0.4，每立方米加固土体注浆量为：C52.5级普硅水泥80kg，粉煤灰68kg，双控压浆量和压力，不仅能使槽底沉渣很好地固结，还能明显提高地下连续墙的承载力，降低沉降量。压浆范围为地下连续墙墙底1.5m(宽)×1.5m(高)。

8）锁扣管吊放

槽段清基合格后，立刻吊放锁口管，由履带起重机分节吊放拼装垂直插入槽内。

锁口管的中心应与设计中心线相吻合，底部插入槽底50～80cm，以保证密贴，防止混凝土倒灌。上端口与导墙连接处用木榫楔实，锁口管后侧填砂石料，防止倾斜。

9）钢筋笼的制作和吊放

（1）钢筋笼制作平台

根据成槽设备的数量及施工场地的实际情况，本工程搭设3只钢筋笼制作平台，现场加工钢筋笼，平台尺寸7m×40m。

平台采用槽钢制作，槽钢坐落在埋入地表并浇过混凝土的墩子上，由水平仪校准安放的槽钢面，焊接拼装平台，即平台面处于同一水平。

槽钢采用8号，按上横下纵叠加制作，槽钢间距2000mm，为便于钢筋放样布置和绑扎，在平台上根据设计的钢筋间距，插筋、预埋件及钢筋接驳器的位置画出控制标记，以保证钢筋笼和各种埋件的布设精度。

在起吊钢筋笼时，检查笼与平台的挂靠件是否都已脱离，防止平台被外部因素影响，如车辆、挖机等机械的碰撞，造成平台变形，影响钢筋笼的制作精度。

（2）钢筋笼吊装加固

本工程钢筋笼采用整幅成型起吊入槽，考虑到钢筋笼起吊时的刚度和强度，根据设计图纸，钢筋笼内的桁架数量按水平筋长度的1～1.2m/个设置。

钢筋吊点处用28mm圆钢加固，转角槽段增加8号槽钢支撑，每4m一根。钢筋笼最上部第一根水平筋改为$\phi28$筋，平面用$\phi25$钢筋作5道剪刀撑以增加钢筋笼整体刚度。也可采用笼内水平均布架设活络槽钢撑来增加刚度，一般按5m一道布设。随着钢筋笼就位下放，每到一层撑一层，简单实用。安放时，下侧做一点靠点，防止起吊时掉落。每幅槽段两端每侧各加密一根钢筋（直径同主筋）。

（3）钢筋绑扎焊接及保护层设置

钢筋来料要有质保书，并与实物进行核对，原材经试验合格后才能使用，焊接材料作好焊接试验，合格后才能投入使用。

主筋搭接优先采用对焊接头，其余当有单面焊接时，焊缝长度满足$10d$。搭接错位及接头检验应满足钢筋混凝土规范要求。各类埋件要准确安放，仔细核对每层接驳器的规格数量。相对于斜支撑的部位安放预埋钢板。

为保证保护层的厚度，在钢筋笼宽度水平方向设两列定位钢垫板，每列定位钢垫板竖向间距5m。

钢筋保证平直，表面洁净无油渍，钢筋笼成型用铁丝绑扎，然后点焊牢固，内部交点50%点焊，桁架处100%点焊。

成型完成经验收后投入使用，起吊前对多余的料件予以清理。

（4）钢筋笼吊放

本工程钢筋笼长 39.5m，最大重量达 34t，因钢筋笼长度和重量较大，现场采用 1 台 200t 和 1 台 150t 履带吊起吊，起吊时主钩起吊钢筋笼顶部，副钩起吊钢筋笼中部，多组葫芦主副钩同时工作，使钢筋笼缓慢吊离地面，并改变笼子的角度逐渐使之垂直，吊车将钢筋笼移到槽段边缘，对准槽段按设计要求位置缓缓入槽并控制其标高。

钢筋笼放置到设计标高后，利用槽钢制作的扁担搁置在导墙上。根据规范要求，导墙墙顶面平整度为 5mm，在钢筋笼吊放前要再次复核导墙上 4 个支点的标高，精确计算吊筋长度，确保误差在允许范围内。钢筋笼吊放示意参见图 8-4。

10）水下混凝土浇筑

本工程混凝土的设计强度等级为 C30，实际水下混凝土浇注提高一个等级，采用 C35，抗渗等级 P8，混凝土的坍落度为 18～22cm。

水下混凝土浇注采用导管法施工，混凝土导管选用 $D=250$ 的圆形螺旋型接头导管拼装中，对密封圈要严加检查，防止浆液漏进导管内部，影响混凝土质量。用吊车将导管吊入槽段规定位置，导管顶端安装方形漏斗。虽然在导管位置对预埋件的位置进行了调整，但空间总显得不足，

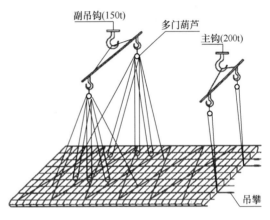

图 8-4 钢筋笼吊放示意

所以在钢筋笼下槽时就要先找准导管的位置，然后对准放下，放的过程要缓慢，避免过快而造成在泥浆中偏位，被埋件搁碰，影响埋件的位置。

在浇注混凝土前要测试混凝土的坍落度，并做好试块。每幅槽段做一组抗压试块，5 个槽段制作抗渗压力试件一组。

11）锁扣管提拔

锁口管提拔与混凝土浇注相结合，混凝土浇注记录作为提拔锁口管时间的控制依据，根据水下混凝土凝固速度的规律及施工实践，混凝土浇注开始后 2～4h 左右开始拔动。以后每隔 30min 提升一次，其幅度不宜大于 50～100mm，并观察锁口管的下沉，待混凝土浇注结束后 6～8h，即混凝土达到终凝后，将锁口管一次全部拔出并及时清洁和疏通工作。

此次锁口管直径 1000mm，深度＞40m，混凝土浇筑时间长，故在混凝土浇筑过程中，就要安放顶升架，并准确控制提升的速度和高度，确保锁口管不被固结在混凝土中或提升过早引起混凝土塌落，影响后续槽段的施工。

此次锁口管提拔准备采用两套起拔设备，即在开始起拔时用 400t 千斤顶起动，当正常后用抱箍式顶升架提拔。

6. 地下连续墙施工质量控制及预防措施

1）防槽壁塌方施工措施

（1）成槽机成槽施工时，履带下面应铺设钢板，减少对地面压强，相应减少对槽壁影

响。成槽施工过程中，抓斗掘进应遵循一定原则，即：轻提慢放，严禁蛮抓。

（2）施工中防止泥浆漏失并及时补浆，始终维持稳定槽段所必须的液位高度。定期检查泥浆质量，及时调整泥浆指标。雨天地下水位上升时，及时加大泥浆相对密度和黏度，雨量较大时暂停成槽，并封盖槽口。及时拦截施工过程中发现的通至槽内的地下水流。每幅槽段施工应做到紧凑、连续，把好每一道工序质量关，使整幅槽段施工速度缩短。

2）垂直度控制及预防措施

（1）成槽过程中利用经纬仪和成槽机的显示仪进行垂直度跟踪观测，用水平仪校正成槽机的水平度，用经纬仪控制成槽机导板抓斗的垂直度，严格做到随挖随测随纠，达到3‰的垂直度误差要求。

（2）合理安排一个槽段中的挖槽顺序，使抓斗两侧的阻力均衡。必须遵循"先两边、后中间"的挖土顺序，单元槽段开始成槽时抓斗必须轻提慢放，严禁快速下放，使抓斗缓缓入土切削土体，成槽过程中遇到石块等障碍物必须妥善处理后方可继续成槽。

3）地下连续墙渗漏水的预防措施

（1）槽段接头处不许有夹泥砂，施工时必须用接头刷上下多次刷，直到接头处无泥。

（2）地下连续墙成槽时应有足够的措施，防止槽壁塌方，尤其是锁口管位置（如使用钠土泥浆、且无大型设备行走等）锁口管吊放应准、稳、轻，确保不会因吊施锁口管发生接头处塌方。

（3）一旦锁口管位置有塌方现象发生，应先清淤，再吊放锁口管，并在锁口管后侧用砂包充填，防止在浇注过程中，混凝土绕过锁口管，流到锁口管后侧，增加锁口管侧摩阻力，并对下一副槽段接头产生影响。

（4）一旦发生混凝土绕流现象，应在锁口管吊拔完成后，及时对相邻槽段成槽，在绕流混凝土还未达到强度前，利用抓斗或冲击锤将其冲碎后抓出，确保成槽质量。

（5）严格控制导管埋入混凝土中的深度，不允许发生气柱和导管拔空现象。

（6）保证商品混凝土的供应量，工地施工技术人员必须对拌合站提供的混凝土级配单进行审核并测试其到达施工现场后的混凝土坍落度，保证商品混凝土供应的质量。

（7）如开挖后发现接头有渗漏现象，应立即堵漏。封堵方法可采用软管引流、化学灌浆法等。

4）槽底沉渣控制措施

（1）在钢筋笼中设置两根注浆管，注浆管下端比成槽深度长出最少0.5m。待地下连续墙混凝土达到设计强度后，开始注入水泥浆，能达到较好效果。

（2）用导板抓斗反复抓摸槽底的沉淤，直至导板抓斗已经基本抓不到沉渣为止。

（3）用合格的泥浆置换成槽时的泥浆，必须待槽内的泥浆全部被置换方可停止清底，对各个深度的泥浆进行指标测定（相对密度、黏度），如不符合要求还需重新清底。

（4）泥浆置换过程必须连续进行，槽内泥浆指标达到要求即完成。

（5）循环用泥浆泵其每小时的泵送量应达到既不影响置换效果又不对槽壁造成冲刷的流量。

（6）认真清基并经过检查后，及时下放钢筋笼，下导管，并在4h内浇灌混凝土。

5）地下连续墙露筋现象的预防措施

（1）钢筋笼必须在水平的钢筋平台上制作，制作时必须保证有足够的刚度，架设型钢固定，防止起吊变形。

（2）必须按设计和规范要求放置保护层钢垫板，严禁遗漏。

（3）吊放钢筋笼时发现槽壁有塌方现象，应立即停止吊放，重新成槽清渣后再吊放钢筋笼。

（4）确保成槽垂直度。

6）浇灌水下混凝土质量保证措施

（1）导管使用前应进行水密试验，检验压力大于 0.4MPa。

（2）浇灌混凝土前必须将槽底清好，保持混凝土流畅。

（3）第一批混凝土量应满足导管开管时所要求的埋管深度。

（4）浇灌混凝土应连续进行，不允许间断，中途停顿时间不能超过 30min。停顿过程中，经常抽动导管，使导管内混凝土保持很好的流动性。

（5）浇筑过程中，控制导管埋深在 2~6m，不允许超过 6m，相邻两导管内混凝土高差不大于 0.5m，导管拆卸应同步进行。

（6）当混凝土浇灌到接近地面时，由于压力差减小，混凝土较难浇灌，此时导管埋深可适当减小保持在 1m 左右。

（7）混凝土不得溢出导管落入槽内。

7）地下障碍物的处理

（1）及时拦截施工过程中发现的流至槽内的地下水流。

（2）障碍物在较深位置时，将钢箱套入槽段中，处理各种障碍，确保挖槽正常施工。

8）可能事件的处理

（1）成槽后，锁口管下放过程中如发现因塌方而导致锁口管无法沉至规定位置时，不准强冲，应修槽后再放，锁口管应插入槽底以下 50~80cm。

（2）浇筑混凝土过程中，因供应问题或其他因素导管拔空，应立即测量混凝土面标高，将混凝土面上的淤泥吸清，然后重新开管浇筑混凝土。开管后应将导管向下插入原混凝土面下 1m 左右。在导管口用彩条布做封口。

（3）锁口管拔不出来的处理办法：马上调整成槽顺序，对浇完混凝土的槽段旁边一幅立即进行开挖槽施工，在混凝土与锁口管的握箍力还未达到最大值的情况下，尽可能抓紧时间，采用从侧面侧拉的方法进行处理。

（4）钢筋笼下放前必须对槽壁垂直度、平整度、清孔质量及槽底标高进行严格检查，下放过程中，遇到阻碍，钢筋笼放不下去，不允许强行下放，如发现槽壁土体局部凸出或坍落至槽底，则必须整修槽壁，并清除槽底坍土后，方可下放钢筋笼，当由于因前幅地下连续墙施工时造成难以预料的环绕结块混凝土时，根据实际情况须割短或割小钢筋笼时，必须征得设计单位认可。

9）保护周边环境的措施

（1）本工程由于地处繁华闹市区，地形复杂施工难度较大。管线较多，有穿越施工区域的管线必须采取特殊的保护措施；施工中为确保不扰民，应在施工前对居民进行安抚，求得居民的谅解，同时在居民住宅和邻近建筑物设一定数量的沉降观测点，加强施工中的观察，做到信息化施工，一旦发生沉降或墙体开裂及时采取跟踪注浆加固，控制沉降，确保居民住宅楼及邻近建筑物的绝对安全。

（2）对于成槽施工可能引起的环境影响，将采取优质泥浆、加强观测、控制成槽精度、合理安排施工计划等措施加以控制。

第二节 锚杆施工案例

1. 工程简介

该工程位于国庆路市邮政局旁，场内最大高程 332m、最小高程 308m，挡墙为肋柱＋普通长锚杆板肋式挡墙。砂浆锚杆直径 $\phi110$、$\phi130$，锚孔约 900 个，锚固段长度 3～3.5m，挡墙高度 5～22m，墙厚 200mm，面积 5000m²。

2. 水文地质条件

根据地质勘察资料，土层分布由上至下主要由杂填土、粉土、黏土、粉质黏土、砾砂等组成。渗透系数和溶水量大，受季节影响地下水位波动变幅约 3m。枯水期地下水位位于 41.600m，雨水期地下水位位于 44.090m，平均地下水位为 42.845m，当地自然标高约为 46.300m，基础底垫层绝对标高为 37.500m。有 5.245m 位于地下水位以下，无法进行正常施工。

3. 锚杆脚手架施工

1）锚杆的构造要求

（1）锚杆采用 HRB335 级 $\phi25$、$\phi22$ 钢筋，长度 4.5～12.5m。具体见设计施工图。

（2）锚杆上下排垂直间距 2.5m，水平间距 2.2m、2.5m。

（3）锚杆倾角为 A-B 段为 20°、B-D-1 段为 30°、D-2-E 段为 20°。

（4）锚杆锚固体采用水泥砂浆，其强度等级为 M30。

（5）锚孔直径为 $\phi110$、$\phi130$。

2）锚杆施工顺序参照第三章。

3）脚手架搭设放线

本工程锚杆在放线过程中，应注意如下事项：

（1）注意脚手架基础宽度和长度，必须满足脚手架搭设规范要求和机械停放、操作面宽度要求。

（2）充分考虑脚手架立杆、间距和大横杆步距高度，不能使立杆和大横杆及大横杆上的加密小横杆与排水孔及锚杆的孔位冲突，如发生冲突，应进行第二次放线，调整脚手架位置，直到满足要求为止。

4）脚手架搭设

（1）脚手架选型

① 根据地质资料及施工现场实际情况显示，该支护从已完成边坡现有地平面搭设双排扣件式脚手架，场地表面为中风化岩石。故脚手架基础以中风化岩石层作持力层；

② 材料尽量选择具有足够承载力又能周转使用的现有材料和以后能重复利用的材料。根据现场的实际情况采用扣件式钢管脚手架，立杆和大小横杆（纵、横水平杆）、坡面扫地杆均采用 $\phi48\times3.5$ 钢管，连接扣件采用标准扣件；

③ 根据高边坡实际设计参数，脚手架随坡度而设，主受力立杆间距 1.5m，其余辅助受力立杆随坡度而调整搭设间距为 1.4～1.5m，锚杆自下而上施工，因此脚手架施工顺序

也由下而上搭设；

④ 脚手架连墙杆采用 $\phi25\text{mm}$ 螺纹钢筋，按照 1 步 2 跨（$1h\times2L$）进行设置，固定点拉杆埋置深度不低于 1.5m，角度与边坡锚杆角度相等。

（2）脚手架设计参数

① 脚手板为 5cm 厚木脚手板或者 $5\text{cm}\times250\text{cm}$ 竹片相串脚手板，其自重标准值为 0.35kN/m^2。

② 钢管尺寸均为 $\phi48\text{mm}\times3.5\text{mm}$、其质量符合现行国家标准《碳素结构钢》（GB/T 700—2006）中 Q235-A 级钢的规定（Q235 钢抗拉、抗压、抗弯强度设计值＝205N/mm^2，弹性模量 $E=2.06\times105\text{N/mm}^2$）。

③ 脚手架连墙杆采用 $\phi25\text{mm}$ 螺纹钢筋，按照 1 步 2 跨（$1h\times2L$）进行设置；地面设横向、纵向扫地杆，贴坡面亦设扫地杆，扫地杆均离地面（坡面）30cm；并布置必要的斜撑、横向支撑与剪刀撑进行加固。同时沿脚手架纵、横向，每 4m 设置水平内拉连墙杆，防止脚手架整体向外倾翻。

④ 锚杆施工脚手架尺寸

锚杆施工脚手架采用钢管扣件式双排爬坡脚手架体系，脚手架间排距结合坡面锚杆布置形式以及结构稳定性，其立杆横距＝1.50m，横杆间距＝1.50m、作业层 0.45/0.50m，最大搭建高度 8m。

5）脚手架搭设施工注意事项

（1）在具体施工时，根据开挖的边坡岩石实际条件，依据设计和地质勘探出具的地质编录、地质简报，对不同区域的连墙杆、脚锚杆入岩深度进行实际设置，边坡两端地质条件较差，则固定锚杆入岩深度需经技术人员和监理工程师等严格验收后再进行加载作业；

（2）连墙杆、布置纵距、横距和布置形式，依据钻机自重和施工荷载以及钻机在钻进过程中的额定给进力的合力在连墙杆、轴线方向上的反力。要从安全角度考虑，保守期间，为防止脚手架向外倾翻。在施工时，采用 $\phi12\text{mm}$ 以上柔性钢丝绳对脚手架斜上 45° 进行反拉，反拉钢丝绳反拉口应不少于 3 个钢丝绳卡，并交叉设置，反拉设置按照技术人员要求进行布置。

（3）施工过程中，考虑作业层钻机自重较大，在钻机就位前，对脚手架作业层小横杆加密设置，同时按照技术人员要求设置纵横向剪刀撑，以提高脚手架的整体和局部刚度，要考虑剪刀撑对脚手架的安全作用。在钻机施工前，应在钻机作业局部位置搭设临时防护棚，防止上部岩石及砂土坠落，保证施工设备及人员安全。

6）脚手架采用材料要求

（1）钢管宜采用力学性能适中的 Q235A（3 号）钢，其力学性能应符合国家现行标准《碳素结构钢》（GB/T 700—2006）中 Q235A 钢的规定。每批钢材进场时，应有材质检验合格证。

（2）钢管选用外径 48mm，壁厚 3.5mm 的焊接钢管。立杆、大横杆和斜杆的最大长度为 6m，小横杆长度为 1.5～2m。

（3）根据《可锻铸铁件》（GB/T 9440—2010）的规定，扣件采用机械性能不低于 KTH330-08 的可锻铸铁制造。铸件不得有裂纹、气孔，不宜有缩松、砂眼、浇冒口残余披缝，毛刺、氧化皮等清除干净。

（4）扣件与钢管的贴合面必须严格整形，应保证与钢管扣紧时接触良好，当扣件夹紧钢管时，开口处的最小距离应不小于5mm。

（5）扣件活动部位应能灵活转动，旋转扣件的两旋转面间隙应小于1mm。

（6）扣件表面应进行防锈处理。

（7）脚手板应采用木板或者串片毛竹制作，厚度不小于50mm，宽度大于等于250mm，长度不小于2.5m，其材质应符合国家现行标准。

（8）钢管及扣件报废标准：钢管弯曲、压扁、有钻孔、有裂纹或严重锈蚀；扣件有脆裂、变形；滑扣应报废和禁止使用。

（9）脚手架钢管应作防锈处理，同时在表面用相关调和漆进行涂刷。通常钢管采用金黄色，防护栏杆采用红白相间色，扣件刷暗红色防锈漆。

7）脚手架设置要求

（1）必须按设计图纸及规范进行相关构造设置；

（2）严格按技术要求及有关安全要求进行细部节点搭设；

（3）脚手架与地锚拉结（柔性拉结）采用钢丝绳带花篮螺丝连接。

8）脚手架安全网挂设要求

安全网应挂设严密，用塑料蔑绑扎牢固，不得漏眼绑扎，两网连接处应绑在同一杆件上。安全网应挂设在外立杆内侧。脚手架与施工层之间要按验收标准设置封闭平网，防止杂物掉落。

9）脚手架搭设技术措施

（1）立杆接头必须采取对接扣件，对接应符合下要求：立杆上的对接扣件应交错布置，两相邻立杆接头不应设在同步同跨内，两相邻立杆接头在高度方向错开的距离不应小于500mm，各接头中心距主节点的距离不应大于步距的1/3，同一步内不允许有2个接头。

（2）顶部外围立杆顶端应高出作业面且不小于1.5m。脚手架底部必须设置纵、横向扫地杆。纵向扫地杆应用直角扣件固定在距垫木表面不大于200mm处的立杆上，横向扫地杆应用直角扣件固定在紧靠纵向扫地杆下方的立杆上。

（3）大横杆设于小横杆之下，在立杆内侧，采用直角扣件与立杆扣紧，大横杆长度不宜小于3跨，并不小于6m。

（4）大横杆对接扣件连接、对接应符合以下要求：对接接头应交错布置，不应设在同步、同跨内，相邻接头水平距离不应小于500mm。并应避免设在纵向水平跨的跨中。

（5）架子四周大横杆的纵向水平高差不超过500mm，同一排大横杆的水平偏差不得大于1/300。

（6）横杆两端应采用直角扣件固定在立杆上。

（7）每一主节点（即立杆、大横杆交会处）处必须设置一小横杆，并采用直角扣件扣紧在大横杆上，该杆轴线偏离主节点的距离不应大于150mm，脚手架立面外伸长度不宜过大，以100mm为宜。操作层上非主节点处的横向水平杆宜根据支承脚手板的需要等间距设置，最大间距不应大于立杆间距的1/2，施工层小横杆间距为0.25～0.3m。脚手板一般应设置在3根以上的小横杆上，应铺满铺稳，拐角要交叉，不得有探头板。如有难以避免处，要另加横杆或用铁丝绑牢。

① 搭设中每隔一层，外架要及时与平台和坡面地锚进行牢固拉结，以保证搭设质量。

② 搭设过程中的安全：要随搭随校正杆件的垂直度和水平偏差，适度拧紧扣件。

③ 搭设时与地锚连接可采用钢管临时连接，待脚手架搭设到顶部时，再改为钢丝绳连接。

④ 脚手架的外立面非操作平台处各设置一道剪刀撑，由底部至顶部连续设置。

⑤ 剪刀撑应用旋转扣件固定在与之相交的小横杆的伸出端或立杆上，旋转扣件中心线距主节点的距离不应大于150mm。

⑥ 用于大横杆对接的扣件开口，应朝架子内侧，螺栓向上，避免开口朝上，以防雨水进入，导致扣件锈蚀后强度减弱，直角扣件不得朝上。

⑦ 施工层应满铺脚手板，脚手架外侧设防护栏杆一道和挡脚板一道，栏杆上杆高1.2m，挡脚板高不应小于180mm。栏杆上应挂安全网，并用铁丝绑牢。

10）脚手架地基处理要求

（1）岩石地基必须整平，以减少扫地杆变形；

（2）立杆支承在木枋上，木枋下面与地面接触处必须垫实；

（3）脚手架基础场地不得有积水；

（4）打入岩层地锚的立杆周围不得有积水，必要时采用砂浆固定和封堵。

11）脚手架搭设工艺流程

（1）放线、摆放木枋→摆放扫地杆→竖立杆并与扫地杆扣紧→装扫地小横杆，并与立杆和扫地杆扣紧→装第一步大横杆并与各立杆扣紧→安第一步小横杆→安第二步大横杆→安第二步小横杆→加设临时斜撑杆，上端与第二步大横杆扣紧→安第三、四步大横杆和小横杆→依次搭设上部大、小横杆和立杆→至要求高度处→铺设脚手板→搭设防护栏杆及绑扎防护挡脚板、挂安全网。

（2）设备运输和人员上、下工作面，搭设之字形通道，通道满铺脚手板，并加设间距10cm防滑横条，两侧安装4道防护杆及扶手，上、下通道固定按照要求规定设置连墙杆、卸载装置，通道口悬挂五牌一图，通道转角处安装红色警示灯。

12）锚杆及脚手架的验收、使用及管理

（1）锚杆检测按《建筑边坡工程技术规范》（GB 50330—2013）要求进行，规范未涉及的内容按《岩土锚杆（索）技术规程》（CECS 22—2005）要求进行；锚杆检测比例按规范及有关技术要求，不得少于锚杆总根数的5%，且每种规格检测数量不得少于3根，重点、危险部位应加密检测点，把好验收关。尤其关键部位、关键工序必须在旁站监理监督下进行，如锚杆（锚索）制安、锚杆（锚索）的安装、注浆、格构梁钢筋的制安、承压板及外锚墩、张拉锁定等。

（2）脚手架搭设过程中，每搭设一个施工层高度必须由监理工程师、项目技术负责人组织技术、安全与搭设班组、工长进行检查，符合要求后方可上人使用。脚手架未经检查、验收，除架子工外，严禁其他人员攀登。验收合格的脚手架任何人不得擅自拆改，需局部拆改时，要经设计负责人同意，由架子工操作。

（3）工程的施工负责人，必须按脚手架方案的要求，拟定书面操作要求，向班组进行安全技术交底，班组必须严格按操作要求和安全技术交底施工。

（4）脚手架分段完成后，应分层由制定脚手架方案及安全、技术、施工、使用等有关人员，按项目进行验收，并填写验收单，合格后方可继续搭设使用。

（5）脚手架上不准堆放成批材料，零星材料可适当堆放。

（6）施工层及临边必须设兜网和立网，以保证高处作业人员的安全。安全网未经许可不得随意拆除。

（7）脚手架搭好后要派专人管理，未经安全部门同意，不得改动，不得任意解掉架体连接及拉结件。

（8）脚手架上不准有任何活动材料，如扣件、活动钢管、钢筋，一旦发现应及时清除。

（9）雨后应对脚手架进行检查。检查架体的下沉情况，发现地基沉降或立杆悬空要马上用木板将立杆揳紧。

（10）在6级以上大风、大雾和大雨天气下不得进行脚手架上以及周边施工作业，雨后上架作业要有防滑措施。

（11）脚手架采用立网全封闭。外挂安全网要与架体拉平，网边系牢，两网接头严密，不准随风飘。

（12）作业层上的施工荷载应符合设计要求，不得超载，不得将模板、泵送混凝土的输送管固定在脚手架上，严禁任意悬挂起重设备。

（13）搭好的脚手架要派专人经常进行巡查，发现问题立即派人进行处理。

13）脚手架基础排水措施

（1）脚手架立杆支承在木枋上，木枋下面与岩石接触处必须垫实；脚手架基础场地必须设置排水系统，工地配备2台2寸水泵并有专人负责。

（2）打入岩层地锚的立杆周围不得有积水，必要时采用砂浆封堵。

（3）脚手架基础松散岩石地面必须夯实整平、砂浆固化，基础高于其他地面，防止水浸泡垫木、立杆及扫地杆。

14）脚手架拆除

拆除顺序应逐层从上而下进行，先搭后拆，严禁上下同时作业。

（1）所有连墙杆应随脚手架逐层拆除，严禁先将连墙杆整层拆除再拆除脚手架；分段拆除不应大于2步。

（2）脚手架拆除最后一根长钢管时，根据现场情况搭设临时支撑，后拆连墙杆。

（3）脚手架采用分段立面拆除，对不拆除的脚手架两端先设置连墙杆和横向支撑加固。

（4）各构配件必须及时分段运至地面，严禁抛扔，脚手架拆除后做到材料堆放整齐、安全稳定，及时转运。

4. 锚杆钻孔

1）施工前对施工班组进行技术、安全交底，将技术要求贯彻到每一员工，认真执行。每一班组设一名质检员负责质量监督。

2）施工组织：

（1）根据施工图纸要求并结合现场地势地貌等具体情况，挡墙采用自上而下的"逆作法"进行施工，并按平面划分施工段和施工层。

（2）平面施工段和竖向施工层的划分：平面上划分为4个施工段，A-B段为一施工段，B-C为2施工段，C-D2为3施工段，D2-E为4施工段，根据竖向高程从上到下每约

3~6m（根据土质成分确定），横向每约 60m 为一个施工循环层。

（3）完成各施工层挡墙施工后再转入下层土石方施工和锚杆挡墙切坡施工。

3）定位放样

根据设计图纸所标注的坐标以及挡墙坡面等已知要素进行放样。挡墙边坡土石方开挖线用全站仪和 CASIOfx-4800p 计算器编制的"直线边坡放测"程序进行计算、放样。若为土层对各放样点钉立木桩，并用 5cm 水泥钉定点；若为石层则用红油漆画点。经项目技术负责人复检合格完善《工程定位（放线）记录》后报请业主、监理工程师检查验收，经检查合格后进行边坡修整施工。切坡过程中随时检查坡脚线。

每施工层在岩体上布设一条高程控制线和肋柱轴线。高程控制点每隔 10m 设置一个，用红油漆画水平三角形符号表示，各点高程偏差小于 5mm。肋柱控制轴线每 10m 设置一个，用红油漆画竖向三角形符号表示。各锚杆孔位按所布设的高程控制线和肋柱轴线用 30m 钢尺，按设计间距进行分线放样，并在坡面上用红油漆标定。

4）切坡

（1）从上至下人工进行锚杆挡墙切坡。为保证符合设计坡度，每凿打 2m 高进行放样复核。

（2）完成每个工作面切坡施工后立即拆除脚手架，进行下一个工作面施工时再重新搭设。

5）锚杆施工

（1）锚杆施工前对进场的水泥、河砂、钢材、直螺纹连接件等原材料按规范要求进行进场取样和复检工作，经检验合格后方可用于施工。

（2）取岩芯确定钻孔深度：由业主代表、监理工程师指定取岩芯位置，用水钻取出岩芯，及时通知设计方、勘探方、业主方、监理方，共同确定钻孔深度。对确定结果及时形成会议记录并经各方签认。

锚杆孔位、孔径、孔深、倾角及布置形式应符合设计要求，从上至下进行钻孔施工，锚孔定位偏差不宜大于 20mm，锚孔偏斜度不应大于 20mm，锚孔深度超过锚杆设计长度应不小于 0.5m。当锚杆孔位于土层时，须设置钢套管。D130 的孔设置 D150 钢套管，D110 的孔设置 D130 钢套管。

（3）锚杆成孔按设计要求采用干作法施工

①根据已放孔位，准确安装固定钻机，并严格认真进行机位调整，确保锚杆孔开钻就位纵横误差不得超过 ±50mm，高程误差不得超过 ±50mm，钻孔倾角和方向符合设计要求，倾角允许误差为 ±1.0°，方位允许误差 ±2.0°，锚杆与水平面交角为 A-B、D2-E 段为 20°、B-D1 段为 30°。钻机安装要求水平、稳固，施钻过程中应随时检查。

②钻孔要求干钻，禁止采用水钻，以确保锚杆施工不至于恶化边坡岩体的工程地质条件和保证孔壁的黏结性能。钻孔速度根据使用钻机性能和锚固地层严格控制，防止钻孔扭曲和变径，造成下锚困难或其他意外事故。

③钻进过程中对每个孔的地层变化，钻进状态（钻压、钻速）、地下水及一些特殊情况作好现场施工记录。如遇塌孔、缩孔等不良钻进现象时须立即停钻，及时进行固壁灌浆处理（灌浆压力 0.1~0.2MPa），待水泥砂浆初凝后，重新扫孔钻进。

④孔径孔深

为确保锚杆孔直径，要求实际使用钻头直径不得小于设计孔径。为确保锚杆孔深度，要求实际钻孔深度大于设计深度 0.5m 以上。

⑤ 锚杆孔清理

钻进达到设计深度后，不能立即停钻，要求稳钻 1~2min，防止孔底尖面、达不到设计孔径。钻孔孔壁不得有沉渣及水体黏滞，必须清理干净，在钻孔完成后，使用高压空气（风压 0.2~0.4MPa）将孔内岩粉及水体全部清除出孔外，以免降低水泥砂浆与孔壁岩土体的黏结强度。除相对坚硬完整的岩体锚固外，不得采用高压水冲洗。若遇锚孔中有承压水流出，待水压、水量变小后方可安放锚筋与注浆，必要时在周围适当部位设置排水孔。如果设计要求处理锚孔内部积聚水体，一般采用灌浆封堵 2 次钻进等方法处理。

⑥ 锚杆孔检验

锚杆孔钻孔结束后，须经现场监理工程师检验合格后，方可进行下道工序。孔径、孔深检查一般采用设计孔径、钻头和标准钻杆在现场监理工程师旁站的条件下验孔，要求验孔过程中钻头平顺推进，不产生冲击或抖动，钻具验送长度满足设计锚杆孔深度，退钻要求顺畅，用高压风吹验不存明显飞溅沉渣及水体现象。同时要求复查锚孔孔位、倾角和方位，全部锚孔施工分项工作合格后，即可认为锚孔检验合格。

（4）当天施工完的钻孔于当日由业主方、监理方人员共同验收、计量。

（5）钻孔：经清孔后安放锚杆筋。锚杆采用直螺纹机械连接工艺，并按规范要求取设试件。锚杆自由段应做防锈处理，先除锈后刷 2 度沥青船底漆，非锚固段防腐钢筋伸入肋柱内分别是（$\phi22$）700mm、（$\phi25$）900mm。锚杆沿轴线方向每隔 2m 设置锚杆定位支架，船形支架采用顺钢筋方向焊接。钢筋安放完毕后及时通知业主方、监理方验收。

5. 锚杆制作

1）钢筋下料：由现场施工员负责编制配料单，钢筋制作在钢筋房内加工成型，加工形状尺寸必须符合设计及标准图集《混凝土结构施工图平面整体表示方法制图规则和构造详图（现浇混凝土框架、剪力墙、梁、板）》16G101-1 要求。

2）除锈：钢筋表应洁净，油漆、漆污和铁锈等加工前清除干净，有颗粒状或片状锈的钢筋不得使用，盘圆钢筋钢丝宜在冷拉调直过程中除锈，直条钢筋采用除锈机或钢丝刷除锈。

3）断料：根据配料单，复核牌所写钢筋级别、规格、尺寸，数量是否正确，对同规格钢筋应分别进行长短配，统筹排料，计算下料长度时，应扣除钢筋弯曲时的伸长率值，一次切断钢筋根数严禁超过机械性能规定范围。钢筋切断后应按级别、规格、类型分别挂牌，同一型号构件的钢筋宜堆放一起，剩余钢筋短料分别堆放，以免混淆。

4）成型：弯曲机心轴必须符合规定的弯曲直径，并不得用小直径心轴弯曲大直径的钢筋，掌握操作顺序，熟悉倒顺开关控制工作盘转动方向，在变换其旋转方向时，应从正转→停→倒转、不得直接从正转→倒转或倒转→正转，手工弯曲成型时，钢筋必须放手，板子应托平，用力均匀，不得上下摆动，以免钢筋不在一个平面而发生翘曲，二级以上的钢筋在弯曲时，应一次定型，严禁反复弯拆而影响钢筋质量。

5）连接：钢筋采用搭接焊时，焊缝长度双面焊不得小于 $5d$，单面焊不得小于 $10d$。锚杆钢筋采用机械连接——直螺纹套筒连接。钢筋采用绑扎搭接时搭接长度为 $35d$。

6）钢筋绑扎：所有的钢筋为现场就位绑扎，钢筋制作后，分规格品种挂牌堆放，绑扎前按图纸要求尺寸确定排列位置、间距后方能绑扎。接头严格按设计要求执行，钢筋锚固长度必须符合图集 16G101-1 要求。

（1）肋柱钢筋采用搭接焊，肋柱钢筋型号、规格、箍筋型号、间距等符合设计要求，并在岩体侧、柱两侧每隔 0.42m 设置保护层垫块。墙板底层钢筋型号、规格、间距等符合设计要求，钢筋搭接长度符合规范要求，并每隔 0.42m 呈梅花形设置保护层垫块。钢筋绑扎完毕后经项目部专职质检员自检合格后，报请业主、监理工程师验收合格后，方可进入下一道工序。

（2）锚杆钢筋应有产品合格证、质量保证书和复检合格报告。根据锚孔深度制作锚杆并编号。

（3）锚杆钢筋用前应平直，除锈去油污。

（4）锚杆下料应用砂轮锯或切割机切割，禁止采用电焊，切割后对钢筋顶部用砂轮进行修整。

（5）锚杆每隔 2m 设定位支架。

（6）锚杆要求顺直，在使用前应除锈。位于土层段锚杆应套塑料套管。

（7）锚杆应由专人制作，接长采用螺纹连接。为确保锚杆安放在钻孔的中心，防止自由段产生过大挠度和插入孔时不搅动孔壁，并保证锚杆周围有足够的水泥砂浆保护层，锚杆每隔 2m 设置定位架，定位架采用 $\phi 8$ 钢筋制成，并与锚杆相焊接。

（8）制作好的锚杆应编号放在工作平台架上，以免发生混乱，不能放在地上，不得粘泥土、油污等任何杂物。

6. 锚杆安装

（1）安装锚杆前，检查钻孔的深度是否达到设计规定的深度，检查钻孔内是否存在钻屑，钻孔是否平直等，若不符合设计要求，进一步进行补钻以达到设计要求，采用高压风清钻孔，直到合格为止。

（2）为便于灌浆，把灌浆胶管与锚杆绑扎在一起，插入孔内，放至距孔底 150mm 处，安装锚杆时，采取必要的措施防止锚杆变曲，安装后即组织灌浆作业。

（3）锚杆安装相关注意事项参照第三章锚杆部分。

7. 锚固灌浆

（1）因锚固砂浆为 M30，强度要求高，为保证锚固砂浆质量，通过试配配制施工配合比。

（2）注浆管在使用前应检查有无破裂和堵塞，接口处要牢固，防止注浆压力加大时开裂跑浆；注浆管应随锚杆同时插入，在灌浆过程中看见孔口出浆时再封闭孔口。

（3）注浆采用孔底注浆法，且分段注浆，先注锚固段，注浆时应缓慢搅拌砂浆，直到注满锚固段。

（4）砂浆灌注必须饱满密实。

（5）注浆材料固化前不得对锚杆施工加任何外力，待锚固注浆达设计要求，再进行自由段注浆。

（6）注浆采取加压注浆，压力为 0.8MPa。

8. 锚杆施工安全质量保证措施

（1）锚杆施工安全保证措施参照第六章。

（2）锚杆施工质量保证措施参照第四章、第五章锚杆部分。

第三节　钻孔灌注桩排桩施工案例

1. 工程简介

武汉地铁二号线中南路站位于武昌区中南路，为地下二层岛式站台车站，与地铁四号线为平行、同层换乘关系，同步实施。车站结构为双层四跨框架结构，车站总长288.4m，结构埋深2.5～3m。主线标准段面挖宽度41.7m，开挖深度16m。车站共设置6个出入口，3组风亭、风道。

中南路站主体结构采用纵向倒边盖挖逆作法施工。

主体基坑支护结构采用桩支护形式：钻孔灌注桩桩径1000@1300mm。桩间采用喷射混凝土封闭找平，桩顶设置冠梁。

主要工程数量：Φ1000：523根；Φ1600（中间桩柱）：142根；C30水下混凝土方量：15977m³；桩位平面布置示意参见图8-5。

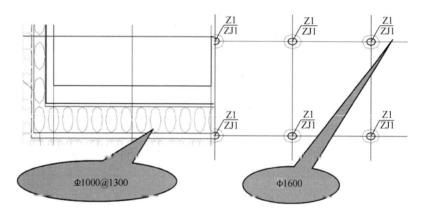

图8-5　桩位平面布置示意

2. 水文地质条件

中南路站处于锅顶山—王家店倒转背斜之上。锅顶山—王家店倒转背斜自汉阳锅顶山，向东经大东门至王家店。本标段通过地段属长江3级阶地地貌。场地内有冲沟发育，冲沟内分布有可塑状态粉质黏土；下部为古河道地层。本工程底板处于含碎石黏土及粉质黏土层中。

地面以下3m左右范围内为杂填土：褐色、黄色，松散～中密，局部为素填土，该层分布连续。5～15m为粉质黏土和含碎石黏土。

场地地下水有上层滞水和承压水两种类型。上层滞水主要赋存于人工填土中，大气降水及附近居民生活用水是其主要补给源。其地下水埋深1.10～2.50m，相当于标高22.27～24.00m。承压水主要存在于粉砂、圆砾及卵石层之中，该处粉砂层黏粒含量较高，致使其渗透性降低，水量较小。

3. 施工重（难）点

（1）施工重点：施工时要严格执行挖深作业，避免破坏未知的地下管线。

（2）施工难点：地面以下15m左右地质为砂层，钻进时易发生扩孔和坍塌现象，需要严格控制泥浆相对密度、孔内水头高度和钻进速度。

（3）施工特点：本车站处于城市繁华地段，因此，对文明施工和环境保护等方面提出了更高的要求。

4．施工部署

1）总体施工部署

钻孔灌注桩施工采用2台旋挖钻钻机施工，因施工场地相对较长，故不设置固定泥浆池，可在钻机就近处现挖泥浆池，利用钻出来的碴土填满泥浆池。施工时按总的施工计划分别施工一期、二期内钻孔灌注桩，钢筋加工场地布置以方便施工为原则，如发生冲突可临时调整，不设置固定的钢筋加工场。

2）总体施工目标

（1）质量目标：工程一次验收合格率100％。

（2）安全生产目标：实现"五杜绝、二控制、三消灭、一创建"。

（3）文明施工目标：树样板工程，建标准化现场，做文明职工，争创"文明施工样板工地"。

（4）环境保护目标：施工中的废水、废气、各种废弃物达标排放；控制噪声污染；保护城市绿地；创建环保型建筑工地。

（5）围护桩工期目标：一期、二期总日历天数104天。

3）施工组织

计划安排管理、作业人员见表8-1。

表 8-1　人员安排表

项目经理	1人	全面负责工程的生产、安全、质量、进度、成本
安全经理	1人	主要负责工程的生产、进度
技术经理	1人	主要负责工程技术质量
技术员	4人	协助负责工程的技术、试验工作
质检员	1人	协助负责工程的质量工作
安全员	1人	24h值班专职负责工程的安全工作
机械操作手	8人	主要负责设备的操作、维护保养
其他人员	5人	主要从事施工工作

5．施工方案及技术措施

1）施工准备

（1）原材料试验及进场：对要进场（含商品混凝土搅拌站）的钢筋、水泥、砂石料、外加剂等材料报监理工程师进行取样检测，合格后方可进场使用。

（2）设备标定：对商品混凝土搅拌站所用的计量、检测等设备在施工前要进行检查标定，合格后方可使用。

（3）对作业层进行技术交底：技术交底由技术部门负责人编制，作业前对施工队及工班进行交底。

（4）场地平整：根据设计要求合理布置施工场地，必须落实四通一平，即路、水、电、通信通，场地平整。先平整场地、清除杂物、换除软土、夯打密实。

规划行车路线时，使便道与钻孔位置保持一定的距离；以免影响孔壁稳定；钻机底盘不宜直接置于不坚实的填土上，以免产生不均匀沉陷；钻机的安置应考虑钻孔施工中孔口出土清运的方便。

（5）水电接入：临时用电从永久施工场地接入，施工用水采用自降水井，同时备用一台一定电压的发电机组以备应急使用。

（6）泥浆池及制备泥浆：泥浆池随钻机在作业现场开挖。泥浆采用优质膨润土、纤维素、加入纯碱和水搅拌而成。现场设置泥浆池（含回泥浆沉淀池及泥浆储备池），一般为钻孔容积的 1.5～2.0 倍，要有较好的防渗能力。在沉淀池的旁边设置渣土区，沉渣采用反铲清理后放在渣土区，保证泥浆的巡回和存储空间。根据工程地层条件，要求制备泥浆相对密度控制在 1.15～1.2。

（7）护筒制作：采用 10mm 钢板制作，内径一般比直径大 200～400mm，长度一般为 3.0m，同时在护筒的对角分别焊接一个"耳朵"，用来承托护筒，防止护筒意外下沉。上部开设 2 个溢浆孔。护筒大样如图 8-6 所示。

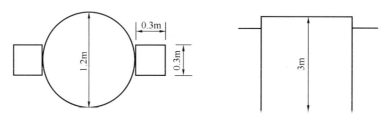

图 8-6　护筒大样

2）测量放线

准确测量桩位，桩位用 $\phi20mm$ 长度为 35～40cm 的钢筋打入地面 30cm，作为桩的中心点，然后在钢筋头周围画上白灰记号，既便于寻找，又可防止机械移位时破坏桩位。

图 8-7　护筒大样

3）埋设护筒

钻孔桩是在陆地上进行的，则一般采用挖坑法，比较简单易行。桩基定位后，根据定位点拉十字线钉放 4 个控制桩，以 4 个控制桩为基准埋设钢护筒，埋设护筒时底部与土层相接处用黏土夯实，厚度为 300～500mm 外面与原土之间也要用黏土填满、夯实。由人工和机械配合完成，利用钻机挖斗将其静力压入土中，其顶端应高出地面 20cm，并保持水平，埋设深度在 3～5m，护筒中心与桩位偏差不得大于 50mm。护筒埋设要保持垂直，倾斜度应小于 1.5%。护筒大样如图 8-7 所示。

4）钻孔

（1）钻机就位

旋挖钻机利用行走系统自行就位，钻机就位后钻机桅杆中心要与桩中心对准，钻机调平，使钻桅垂直，旋挖钻机调平可以通过自动控制系统完成。

（2）注入泥浆

泥浆符合要求，钻机就位准确后，用泥浆泵向护筒内注入泥浆，泥浆注到旋挖时不外溢为止。在旋挖过程中每挖一斗向孔内注一次泥浆，使孔内始终保持一定水头和泥浆质量稳定。

钻孔桩顺序按编号 3-6-9-1-4-7-2-5-8 依次间隔循环施工。钻孔桩施工大样如图 8-8 所示。

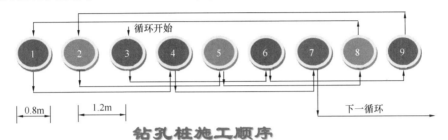

图 8-8　钻孔桩施工大样

（3）旋挖

根据地质情况，采用相应的合适钻头。护筒内注入泥浆，达到要求后开始旋挖。钻机刚开始启动时旋挖速度要慢，防止扰动护筒。在孔口段 5～8m 旋挖过程中，要特别注意通过控制盘来监控垂直度和孔径，如有偏差及时纠正。在全部挖孔过程中做好钻进记录，随时根据不同地质情况调整泥浆指标和旋挖速度。旋挖过程中孔内要始终保持一定水头，每挖一斗都要及时向孔中补充泥浆。注入泥浆和旋挖要相配合，以保证成孔质量。

（4）运弃渣

每孔挖出的弃渣及时用装载机清理干净。

5）检控

钻进达到要求孔深停钻后，主要保持孔内泥浆的浆面高程，确保孔壁的稳定。要尽快将钻机移位，终孔验收工作。利用检孔器进行检孔。

桩位偏差≤100mm；桩身垂直度≤1%。

6）清空

旋挖钻一次清孔用挖斗反复捞取松渣，直到松渣厚度符合规范要求为止。二次清孔在安装钢筋笼和下导管之后进行，调整泥浆相对密度，以小相对密度泥浆注入孔中，置换孔中的沉渣和大相对密度泥浆，使泥浆相对密度和沉渣厚度符合规范要求，经监理工程师同意后灌注水下混凝土。

泥浆相对密度：1.02～1.10，黏度：18～22s，砂率：≤4%，泥皮厚度：<2mm，pH 值：7～11。

7）钢筋笼制作

钢筋笼长度最长为 27.5m，采用一节制作及吊装。钢筋笼结构示意如图 8-9。具体制作步骤如下：

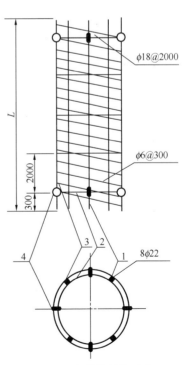

图 8-9　钢筋笼结构示意

（1）加工主筋、加强筋采用搭接单面焊，搭接长度不少于 $10d$（d 为钢筋直径），亦可采用双面焊，搭接长度不少于 $5d$；钢筋笼接头的设置与相邻桩基错开大于 3m 以上。

（2）制作成型

① 加劲箍筋与主筋点焊，2m 布设一道，螺旋筋环向间距 200mm，与主筋点焊，焊点梅花形布设，焊接要牢固。

② 螺旋筋于桩顶和桩底上下各 3m 范围开始向中心环向间距加密，由 200mm 调整为 100mm。

③ 钢筋笼制作完毕后，挂上标志牌，详细注明其部位，并报请项目部技术主管检查，并由监理工程师鉴定合格后方可使用。根据桩底桩顶标高预先计算出吊环长度，并另作吊环，将其设置于钢筋笼顶端，以保证钢筋笼下放到设计位置。

④ 钢筋笼制作允许偏差见表 8-2。

表8-2　钢筋笼加工允许偏差

钢筋笼长度（mm）	钢筋笼直径（mm）	主筋间距（mm）	箍筋间距（mm）
±50	±5	±10	±20

8）钢筋笼安装

钢筋笼安装采用 16t 汽车吊起吊入孔，采用三点起吊的方式下沉到设计高程后马上检查其位置是否安装到设计位置，是否偏心，经监理工程师检查合格后，笼顶吊环穿入 ϕ100mm 钢管 2 根予以固定。

（1）钢筋笼搬动和起吊时要防止扭转、变形、弯曲，采用加强架立筋作撑以增加钢筋笼的刚度。

（2）钢筋笼吊装前先在笼外焊接限位筋，用以保证钢筋笼与孔壁之间的间隔满足钢筋的保护层厚度要求。

9）导管安装

导管采用 ϕ300 的无缝钢管，每节 3m，最底节 5m，配 2 节 1m、2 节 2m 的短管，用来调节导管高度。在下导管前，要认真检查导管是否损坏，密封圈、卡口是否完好，内壁是否圆顺光滑，接头是否紧密。对导管做水密、承压、接头抗拉试验，以检验导管的密封性能、接头抗拉能力，符合规范要求方可下导管。质量不可靠的导管不准使用。下导管必须有专人负责，导管必须居孔中心，下导管时防止导管插入钢筋笼和孔底。导管距离孔底 25～40cm。

10）混凝土拌和、运输、灌注

（1）混凝土由商品混凝土搅拌站拌和运输，要求混凝土坍落度 18～22cm，坍落度损耗不大于 2cm/h。配料拌和时由我单位一名质检人员旁站监督，确保混凝土强度等级符合要求。

（2）混凝土采用罐车运输，运至施工地点后检查坍落度是否满足设计及规范要求，如果不满足灌注要求，将不合格料退回供应商。首灌量是水下混凝土灌注的关键指标，初灌后导管埋深不应少于 1.0m，本工程采用 6m³ 混凝土运输车运送混凝土，初灌量满足要求。初灌时使用球胆作为隔水塞。

（3）随着混凝土的上升，适当提升和拆卸导管，导管底端埋入混凝土面以下的深度控制在 2～6m，严禁把导管提出混凝土面。浇筑时要有专人测量导管埋深及管内外混凝土面的高差和混凝土的浇筑方量。每一根桩的混凝土浇筑必须连续进行，一次完成。

（4）控制最后一次混凝土的灌入量，应保证设计桩顶标高和混凝土质量，灌至桩顶标高以上 50cm。

（5）浇筑时间按初盘混凝土的初凝时间控制。灌注的桩顶标高应比设计桩顶高出 0.5m（以后凿除），以保证桩顶混凝土强度。

（6）灌注过程每罐混凝土灌注后应及时测量混凝土面上升高度，计算导管埋置深度确定导管拆卸长度。本工程要求最小埋管深度不小于 2.0m，最大埋管深度不大于 6.0m。严格控制初灌速度，防止钢筋笼上浮。

（7）由于灌注使用商品混凝土，混凝土抗压强度资料及有关原材料由搅拌站提供，作为双控措施，施工现场每桩制作试块 1 组，以检验混凝土强度。

（8）混凝土灌注过程中应组织好人力、物力，连续灌注，做好灌注记录。每根桩必须制作混凝土试块，并及时养护，拆模后送至试验室标准养护，制作数量严格按照试验室规定制作。灌孔桩施工结束后，应及时地填写《混凝土灌注记录》，并及时清理场地，处理好泥浆排放，达到监理工程师的标准。

11）桩的养护和检测

为了保证桩的质量，要注意科学的养护方法。

待桩的混凝土强度到达 80% 以后，即可进行桩头处理，人工用风镐凿除桩头。桩的检测分动载和静载检测，动载检测分大应变和小应变，主要是利用击打桩身产生的波形分析检测桩身的完整性。静载检测是利用压砂袋等方式检测桩的承载能力。

桩身完整性和承载力经检测达到设计要求即为合格。检验频率不低于 10%。

12）施工质量控制要点及控制方法

为了确保优质、高效地完成施工任务，施工时应对各关键工序进行严格控制，重点控制的环节及措施见表 8-3。

表 8-3　重点控制的环节及措施

施工环节	技术质量控制要点	主要措施
成孔	① 桩位偏差 ② 桩径 ③ 成孔深度 ④ 孔垂直度 ⑤ 孔底沉渣	① 技术干部检查 ② 严格控制钻头直径 ③ 加强泥浆性能的控制 ④ 先行自检，然后由质检员检查，合格后报监理工程师验收
钢筋笼制作	① 钢筋质量 ② 钢筋焊接质量 ③ 笼长偏差 ④ 笼直径 ⑤ 主筋间距 ⑥ 箍筋间距	① 严格控制进场材料，按要求送检 ② 用钢尺丈量方法检查 ③ 逐级验收制度最终报监理工程师验收
水下混凝土灌注	① 灌前沉渣厚度 ② 钢筋笼安放 ③ 导管密封性及埋置深度 ④ 桩顶超灌量	① 技术干部检查，每桩检查次数不少于 2 次 ② 严格控制导管埋深，最大不超过 6.0m，最小不少于 2.0m ③ 加强导管试压，每 10 根桩试压一次 ④ 桩顶超灌量不少于 50 cm

13）钻进过程中易出现的问题及解决措施

卡埋钻具是旋挖钻进施工中最容易发生的、也是危害较大的事故，因此在施工过程中一定要采取积极主动的措施加以预防，一旦出现事故，要采取有效措施及时处理。

发生的原因及预防措施：

（1）较疏松的砂卵层或流砂层，孔壁易发生大面积塌方而造成埋钻。在钻进遇此地层前，应提前制定对策，如调整泥浆性能、埋设长护筒等。

（2）黏土层一次进尺太深孔壁易缩径而造成卡钻。所以，在这类地层钻进要控制一次进尺量。

（3）钻头边齿、侧齿磨损严重而无法保证成孔直径，钻筒外壁与孔壁间无间隙，如钻进过深，则易造成卡钻。所以，钻筒直径一般应比成孔直径小 6cm 以上，边齿、侧齿应加长，以占钻斗筒长的 2/3 为宜，同时在使用过程中，钻头边齿、侧齿磨损后要及时修复。

（4）因机械故障而使钻头在孔底停留时间过长，会导致钻头筒壁四周沉渣太多或孔壁缩径而造成卡（埋）钻。因此，平时要注意钻机本身的及时保养和维修，同时要调整好泥浆性能，使孔底在一定时间内无沉渣。

处理措施：

① 直接起吊法，即用吊车或液压顶升机直接向上施力起吊。

② 钻头周围疏通法，即用反循环或水下切割等方法，清理钻筒四周沉渣，然后再起吊。

③ 护壁开挖法，即卡钻位置不深时，用护筒、水泥等物品护壁，人工直接开挖清理沉渣。

主卷扬钢绳拉断：钻进过程中如操作不当，易造成主卷扬机钢绳拉断。因此，钻进过程中，要注意下钻时卷扬机卷绳和出绳不可过猛或过松、不要互相压咬，提钻时要先释放地层对钻头的包裹力或先用液压系统起拔钻具。如果钢绳出现拉毛现象应及时更换，以免钢绳拉断而造成钻具脱落事故。

动力头内套磨损、漏油：发生这一现象的原因除了钻机设计上存在欠缺外，主要是超过钻机设计能力钻进所致，所以要注意旋挖钻机的设计施工能力，不要超负荷运行。

塌孔：主要是因为钻进过程中不使用泥浆，或使用很少的泥浆，护壁效果差所致。为防止钻孔坍塌，钻进过程中应保持孔内水位适当高出地下水位，同时注意控制钻斗的升降速度和泥浆相对密度。

14）水下混凝土灌注中出现问题的对策

（1）封底失败由于首批混凝土数量过小、孔底的沉渣厚度大等原因导致。首批混凝土灌注入孔后，未实现水下混凝土封底的现象称为封底失败。封底失败后，应立即暂停灌注，及时对孔内已灌注的混凝土进行清理。

（2）地层稳定性差时应及时拆除导管、拔除钢筋笼，将钻机安装到位，将未灌注混凝土部分钻孔回填，待地层沉积稳定后用冲击钻清除已灌注的混凝土，达到孔底设计标高后，请示监理单位，检查合格后进行水下混凝土灌注。

（3）因混凝土和易性差、混凝土中含有大块骨料或受潮凝固的水泥块、灌注混凝土冲击力不足等原因导致水下混凝土灌注过程中无法继续进行，造成卡管。

由于混凝土质量造成的导管堵塞，可以少量（根据堵管前测量及计算的导管埋深结果在保证导管最小安全埋深后确定）提升导管而后快速下落或加大一次性灌注混凝土数量而后快速提升再迅速下放，以冲击疏通导管的方法进行处理。由于混凝土冲击力不足造成的导管堵塞，应及时加长上部导管的长度，而后，以一次性较大量混凝土冲击灌注达到疏通导管的目的，将导管插入已灌注混凝土中 0.5～0.8m，而后按照水下封底的操作方法实施二次封底。

（4）钢筋笼上浮。由于钢筋笼的加固不可靠或灌注过程中操作因素带来的钻孔桩钢筋笼移位现象统称钢筋笼上浮。发现钢筋笼上浮，应立即暂停灌注，对于钢筋笼上浮在 1 倍直径以下的可以在采取有效防止上浮的措施后继续灌注。悬吊钢筋焊缝脱落的，应及时补焊；悬吊钢筋弯曲的情况应增加钢管支撑。

6. 施工进度计划及工期保证措施

1）施工工期：主体围护桩计划施工工期总共 104 天，分两期施工，一期：2008 年×月×日～2008 年×月×日，总日历天数为 53 天；二期：2009 年×月×日～2009 年×月×日，总日历天数为 51 天。

2）施工进度指标：钻孔桩计划每天完成 6 根桩，开工收尾各 1 天。本工程采用 2 台旋挖钻机施工。施工工效计算见表 8-4。

表 8-4　旋挖钻钻机施工工效计算

序号	工序名称	施工时间（工效）	备注
1	钻进	3m/h	
2	清孔	0.5h	
3	下钢筋笼、导管	1.5h	钻孔桩桩长 24.27m、26.67m
4	灌注混凝土	2.0h	
5	移钻机	0.5h	

考虑循环施工时只有成孔速度制约进度，考虑其他因素，故每台旋挖钻机每天可成桩 6 根。2 台钻机 104 天可以完成。

3）施工进度安排

围护桩计划工期为一期：2008 年×月×日～2008 年×月×日；二期：2009 年×月×日～2009 年×月×日。详见表 8-5。

表 8-5　围护桩工期计划表

部　位	数量	工　期
一期钻孔桩	根	53 天
二期钻孔桩	根	51 天

4）施工工期保证措施

（1）我公司将把该工程作为重点工程，在技术、人员、机具、资金上重点保证，并根据工程需要，随时增强施工力量。

（2）组织强有力的项目管理班子，强化项目管理，实行项目经理负责制。项目经理对施工全过程统一组织、协调和负责，确保进度计划的实施。

（3）加快施工准备工作，项目管理人员及施工人员及时搞好临时设施、物资、机具进场，定位放线，技术交底与复核，方案编制等各项准备工作，为保证工程按时开工创造条件。

（4）利用进度控制表，强调生产调度的作用，组织协调各工种之间的交叉作业，保证各工序和各工种的工作始终处于受控状态。

（5）充分发挥技术装备优势，提高机械化施工程度，减轻劳动强度，提高功效，缩短工期。

（6）采用先进合理的施工工艺和施工技术，发挥本企业的技术优势，利用科学的施工手段，提高劳动生产率，加快施工速度。

（7）加强同建设单位、设计单位和监理单位等协调合作，高效协调各工序的生产关系，确保施工的顺利进行。

（8）建立和执行例会、报表和行政管理制度，促进、监督和保证工期目标的实现。

（9）按照总进度要求，确定工序控制点，分解工程施工过程，通过调整与优化，使得目标实现。

（10）制定切实可行的冬季施工措施，确保冬季正常施工。

7. 资源配置计划

1）劳动力配置

本工程计划安排1个施工队，下设杂工班、钻孔班、钢筋班、混凝土班，作业人员安排见表8-6。

表8-6　作业人员配置表

序号	专业职务或技术工种	人数	备注
1	队长	1	全面协调
2	副队长	2	安全一名，领工一名
3	工程师	1	
4	技术员	3	
5	钢筋工	20	
7	混凝土工	8	
8	杂工	6	
9	钻机司机	2	
10	后勤	5	
合计		48	

2）主要材料供应计划

（1）项目部成立设备物资部，从事材料的调查、采购、管理、发放及监控工作。

（2）严把进货关，采购材料之前，严格按 ISO 9002 标准确定合格供货商，对甲方指定供货商进行调查、考证，确保原材料或半成品质量有保证。

（3）技术部门提前按生产计划编制材料计划，并标明原材料的质量要求，报项目负责人审批后，物资部门方可按计划采购。

（4）对进场的材料，物资部门及时通知技术部门组织检验并核定数量，不合格产品不得投入使用，确保产品质量，同时满足生产需求。

（5）现场材料建立专项档案，并建立现场标识牌，材料的种类、规格、时间、使用部位等应标识清楚。

（6）对急需零星用料，技术部门作好计划，及时通知物资采购，以满足工期要求。

（7）掌握和追踪目前的材料动向和发展状况，追踪新材料、新技术、新工艺的信息，材料的管理水平不断提高。

3）主要测量使用仪器配置

本工程的试验已委托建筑工程质量检测（中心）测试中先检测，工地现场只设置试件制作和现场量测工具。现场测量试验仪器统计见表8-7。

表8-7　钻孔桩上场仪器统计

序号	仪器名称	规格/型号	单位	数量	新旧程度（％）	进场日期
1	水准仪	Nicon	台	2	90％	2008.3.10
2	全站仪	Nicon	台	1	100％	2008.3.10
3	塔尺	5m	把	2	100％	2008.3.10
4	钢尺	30m	把	2	90％	2008.3.10
5	混凝土试模	15cm×15cm×15cm	组	6	95％	
6	砂浆试模	7.07cm×7.07cm×7.07cm	组	6	100％	
7	坍落度筒	30cm	个	2	100％	
8	泥浆密度计		个	2	100％	

8. 质量保证措施参见第四章钻孔灌注桩排桩部分。

9. 安全文明施工保证措施参见第六章、第七章。

第四节　土钉施工案例

1. 工程概况

湖南"路桥大厦"基坑东南长150～170m，西向长60m，北向长22m。地表以下依次为素填土1.5～5.5m、粉质黏土3.0～4.5m、粗砂5.0～8.0m、圆砾2.0～3.2m。地下滞留水标高-10.0m。东端基坑边线离住宅楼4.0m，开挖深度12.0～15.0m，边坡开挖坡比1：0.1。北端边线离1500t水池5.0m，附近有12层办公楼开挖深度12.0m。西端边线紧靠韶山路开挖深度6.0～8.0m坡比1：0.2素填土达5.3m厚且管网密集。南端开挖深度15.0～17.5m，坡比1：0.1。基坑周围环境与支护分区图见图8-10。

2. 支护设计

（1）本工程为临时支护，分一、二、三型3个支护区。一型区土钉抗拔安全系数为1.58。二、三型区土钉抗拔安全系数为1.65。（具体支护见图8-11～图8-13）二型区设三道，三型区设五道预紧力土钉，预紧力为设计值的20％～30％。

（2）土钉孔径为120mm。土钉倾角为12.5°。隔3～5m设ϕ50长度为500mm仰角为3°～5°的PVC排水管。

（3）土方一次开挖高度应与土钉层高相适应，一次开挖最大高度不大于2m，连续开挖长度不得大于 15m。

（4）按楔形滑移面法验算时，假定滑移面的倾角为（$45°+\varphi/2$），φ 取分层土摩擦角的加权平均值，滑移面通过边坡基脚。每一土钉在滑移面上的最大拉力取为：$T=(\gamma h_c + q)K_a \cdot S_h \cdot S_v$。式中，$\gamma$ 为土体平均重度；S_h、S_v 分别为土钉的水平、垂直间距；h_c 为土钉的计算深度，当土钉埋深 $Z<0.5H$ 时取 $h_c=0.5H$；q 为地表荷载；$K_a=\tan^2（45°-\varphi/2）$。要求所有土钉在滑移面内侧的稳定土体中有足够的锚固长度，能满足抗拔安全系数。

基坑周围环境支护分区参见图 8-10、土钉墙布置见图 8-11 至图 8-13。

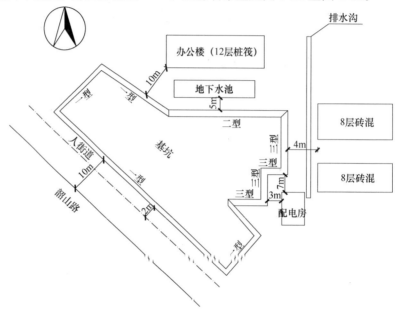

图 8-10　基坑周围环境与支护分区

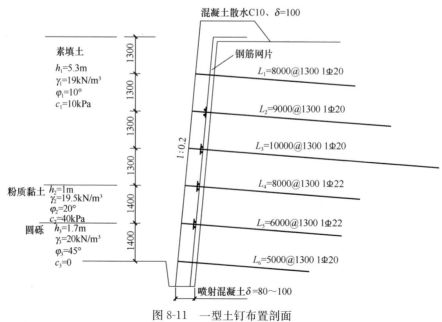

图 8-11　一型土钉布置剖面

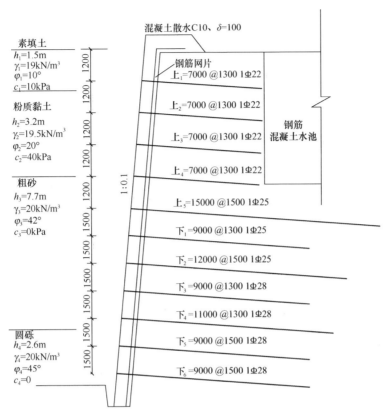

图 8-12　二型土钉布置剖面图

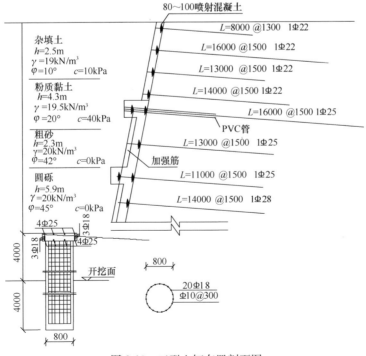

图 8-13　三型土钉布置剖面图

3. 总结

(1) 本项工程开挖深度较大，且地下层夹有粉质砂性土，地下水丰富，为防止附近地面不均匀沉降而引起楼房开裂或破坏，施工过程需特别慎重。在基坑四周做了沉降观测点，在施工工艺控制上，严格按规范施工，限制每层开挖深度和工作面，边坡开挖面暴露时间尽量缩短，认真做好排水处理。整个过程从 2003 年 3 月 15 日开始施工至 2003 年 4 月 26 日完成。到目前为止，边坡处于稳定状况，未出现建筑物沉降及变形。

(2) 本项目在施工过程中做到了设计与施工相结合，施工中出现的情况及时反馈给设计，及时修改。如基坑东侧原设计为 II 型支护，在施工中发现砂性土中富含地下水，施工单位邀请专家现场论证，修改为土钉与桩结合的 III 方案，保证了边坡的稳定。

(3) 本项目原计划采用钢板桩，经论证后采取了土钉支护技术，在造价上节约成本约80 万元，工期缩短 1 个月。

第五节　内支撑施工案例

1. 工程简介

(1) 工程概况

佛山市第二人民医院兴建的综合楼工程二层地下室，开挖深度达 9.70m，东、北侧为旧建筑物，临边离基坑仅有 3～5m，南侧管线繁多，地质以砂层为主，水量丰富，为确保医院仪器设备不受影响，附近旧建筑物（其中一幢为天然基础）的使用安全，通过整体考虑设计四周采用钻孔灌注桩，混凝土内支撑，三重管法摆喷止水帷幕的联合支护方法，由于设计方案选择止确，精心施工，基坑开挖后达到使用要求。

(2) 工程地质情况

根据钻探揭露现场地基由人工填土层、第四纪冲积层、残积土及第三纪风化基岩组成，风化基岩上覆松散土层厚度 18.30～21.40m。具体分层如下：

① 杂填土：分布全场地。层厚 1.50～4.50m，平均 3.28m。主要由红砖块、瓦砾、建筑余泥、砂土等组成。很湿～饱和，轻度压实～压实。

② 粉土：第四纪冲积土，层厚 2.30m，土层呈褐黄色，黏性弱，很湿～饱和，稍密。

③ 粉细砂：分布全场地。层厚 6.90～9.60m，平均 8.60m；土层稍密为主，局部松散。

④ 粉土：分布全场地。层厚 2.10～6.00m。

⑤ 粉砂～中砂层：分布全场地。土层呈浅灰色、灰色、黑色等，颗粒不均匀，局部含砾砂，饱和，属中偏低压缩性土层。

⑥ 残积土：含粉砂，由粉砂质泥岩风化残积而成，稍湿，硬塑。

⑦ 早第三纪风化基岩：主要为砂岩，其次有粉砂质泥岩、粉砂岩及泥质粉砂岩。按风化程度可分为强风化、中风化及微风化 3 个岩带；局部有夹层。

2. 基坑支护结构设计

① 计算软件，理正深基坑支护基坑结构设计软件 F～SPW（根据行业标准《建筑基坑支护技术规程》(JGJ 120—2012) 编制）。

② 根据现场实际情况和建筑概况，本工程按一级基坑进行设计。由内支撑标高为

−1.50m，即原地面以下 1m，土压力按 20kN/m²，采用一道钢筋混凝土内支撑，混凝土强度为 C25。为节约资金，内支撑层与冠梁层统一设置。排桩采用 φ800 钻孔灌注桩，0.95m，桩间设置摆喷止水帷幕。冠梁截面为 1100mm×700mm，内支撑截面 900mm×700mm，斜支撑和连系梁截面 700mm×700mm。内支撑布置时考虑支撑结构的整体性。南向留出土方道路以方便土方开挖和运输。

3. 基坑开挖对周边环境影响评估：

（1）地下室基坑支护结构采用内支撑结构，设一道内支撑，通过计算，基坑侧壁最大变形值≤30mm，在规范规定变形控制值内。

（2）工程地下室基坑止水帷幕采用钻孔支护桩桩间摆喷止水。钻孔支护桩以及摆喷桩要求不透水层（残积土层或强风化岩层），形成相对不透水的封闭体系，可将基坑内有效地下水分离，基坑内卫生清洁不会对基坑外地下水位产生较大影响，影响周边建筑物与环境。在开挖过程中，对场外地下水位进行监测，如发现地下水位不正常降低，必须立即停止基坑降水，同时对止水帷幕进行补强。

（3）基坑部分为天然基础，持力层均远低于基坑开挖深度。采用钻孔的结构内支撑的方案，不会对周边建筑物的基础土层产生扰动，故基坑开挖对周边建筑物基础承载力的影响很小。

4. 基坑监测

（1）基坑施工要求分层开挖，每层深度≤1.50m，开挖过程中必须加强对基坑支护结构的监测。土方开挖可在地下室基坑南向设置临时土方运输道路进行土方外运。

（2）基坑工程监测项目

支护结构要求最大水平位移控制值为 30mm，周围地面沉降变形的控制值为 20mm，水平位移报警值为 25mm，地面沉降报警值为 15mm。

5. 施工流程

施工放线→临时设施建设→钻孔灌注支护桩施工、基础桩施工、摆喷桩止水帷幕施工→桩检测→场地土方开挖至−1.50m→塔吊安装→混凝土内支撑施工→土方分层开挖。

6. 关键施工技术及工艺

（1）钻孔桩施工。

（2）钻孔桩除按规范施工外，必须对桩的垂直度加强控制，使桩与桩之间距离≤200mm，以保证两桩之间的摆喷止水效果。

（3）长度方向要求入强风化岩 2000mm，由于在−1.50m 处整体有内支撑，同钢筋均匀分布，纵向钢筋优先采用焊接并错开驳接，横向设置加劲筋及螺旋箍筋。

（4）清孔要求：冲洗液含渣量小于 4%，应注意泥浆护壁过厚会造成摆喷工艺的止水效果。

7. 三重管法摆喷桩施工

（1）三重管法摆喷桩在同一位置的支护钻孔桩完成 5 天后方可进行施工，避免影响钻孔桩质量。

（2）平整场地，测定孔位，深度一般入残积土或强风化层 0.50m，由于地形局部变化，每点应根据钻孔取样而定，以防止地下夹层或未注入不透水层。

（3）注浆技术参数：水泥浆液水灰比根据工程实际情况取 1.0∶1～1.5∶1，灌入水泥浆液的相对密度取 1.5～1.6，返浆相对密度取 1.2～1.3。

（4）施工前应核实高压喷射处无杂物、管道、管线、洞穴等障碍物。

（5）采用高压喷射注浆工艺应隔孔施工，应同时送高压水和压缩空气，在孔底喷射切割 1min 后，再泵入水泥浆，自下而上喷射注浆，停机时先关高压水和压缩空气再停止送浆，严禁在－2m 处注浆喷射，以保施工安全。

8. 内支撑及压顶梁施工

（1）内支撑及压顶梁的施工按钢筋混凝土施工规范施工。

（2）注意钻孔桩锚固钢筋应与压顶梁钢筋焊接，其余内支撑主筋也进行焊接斜梁及支撑与压顶冠梁的位置加密箍。

（3）由于部分跨度大，支撑梁中设支承柱，在浇筑底板时应留出后浇部分并加止水钢板。

（4）加强淋水养护，支撑梁应达到 80％强度后方可进行土方开挖。

9. 土方开挖

（1）挖土机械采用中型反铲式挖土机 2 台。

（2）开挖顺序：开挖路线机械下基坑斜道的设置、车辆进出道路详见土方开挖流程图。

（3）土方开挖应在基坑内分级设置排水沟，除坑内设井点排水外，利用集水井将场内地下水及时排出坑外，减少土方含水时运输对四周环境的污染。

（4）一般应按分层开挖、先撑后挖的原则施工，采取对称开挖，严禁超挖，在护壁留 300～500mm 厚土层用人工挖掘修整，严禁碰撞工程及支护桩。剩余部分可采用塔吊配合清理。

第六节　高压喷射注浆施工案例

1. 工程简介

1）工程概况

武汉建银大厦位于汉口建设大道与新华路交会的西北侧。大厦由银行与酒店两部分组成，总面积约 12000m²。主楼高 189m，50 层；筒中筒结构；酒店楼高 105m，30 层，框架结构；2 层地下室，深度约 10m。基坑占地面积约为 8800m²，基坑周长 360m，开挖深度 14.2m（黄海高程 7m）。基坑支护采用钻孔灌注桩加 3 层锚杆，支护桩长 26～28m，桩尖高程－5～－7m，桩径 1.0m，桩距 1.2m。

基坑四周环境条件复杂：

（1）北东南三面都存在重要的地下市政设施；

（2）北侧黄孝河箱涵距基坑 8m；

（3）东侧上、下水管道、通信电缆、动力电缆距基坑 4～30m；

（4）南侧上、下水管道、通信电缆槽沟、电力线、煤气管道距基坑 0.6～1.5m；

（5）西侧是西湖（该大厦于 1998 年建成，并荣获中国鲁班奖）。

2）工程地质水文地质条件

（1）施工场地属长江一级阶地，地处原西湖塘地段，由于后期人工填积活动使西湖湖水面积逐渐缩水。场地现有地形平坦，地面高程 21.2m。

（2）地层岩性及渗透系数见表 8-8。

表 8-8 地层岩性及渗透系数

地层	状态密度	标贯 M3.5	层厚（m）	深度 h（m）	渗透系数（cm/s）
杂填土	松 散		4.2～5.2	4.2～5.2	$2.1×10^{-3}$
淤泥质黏土	流 塑	1～2	3.0～3.8	7.2～9.0	$1.6×10^{-3}$
淤泥质粉质黏土	流 塑	2～4	3.0～4.0	10，2～12.8	$6.2×10^{-3}$
粉土	稍 密	6～11	3.8～5.4	15.2～17.2	$2.3×10^{-3}$
粉砂	松散～稍密	10～17	10.0～11.2	26.2～28.0	$3.5×10^{-3}$
细砂	中密～密实	12～24	16.0～18.0	43.4～44.2	$8.0×10^{-3}$
卵石	密 实		1.0～3.0	44.5～46.8	$1.7×10^{-3}$

2. 工程布置

沿基坑周边支护桩外侧采用双层竖向高喷防渗帷幕，帷幕墙上部与支护桩连接、下部深入基岩，帷幕对潜水含水层和承压含水层起隔渗作用、又增强桩的支护作用。帷幕平均深度 47m，最大深度 50m，嵌入基岩 1～2m。按设计第一排灌浆孔布置在支护桩外侧，距支护桩中心线 0.8m，第二排灌浆孔距第一排 0.6m，孔距 1.2m，共布孔 608 个。建银大厦基坑支护高喷防渗帷幕平面见图 8-14。

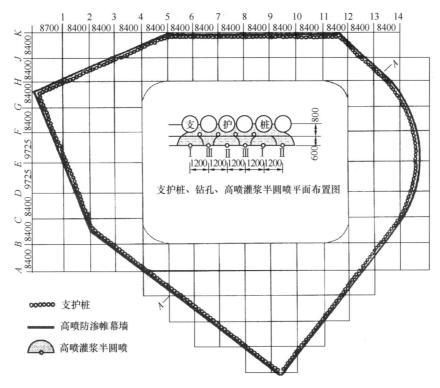

图 8-14 建银大厦基坑支护高喷防渗帷幕平面示意

高喷防渗帷幕剖面见图 8-15，高喷防渗帷幕结构见图 8-16。

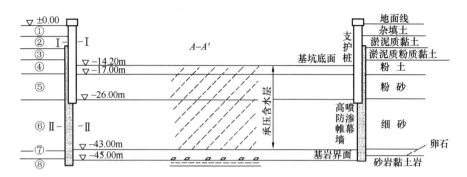

图 8-15　深基坑高喷灌浆防渗帷幕剖面

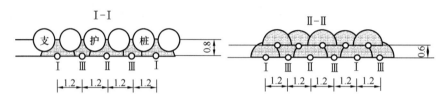

图 8-16　高喷灌浆防渗帷幕结构（单位：m）

3. 现场试验

为确定高喷灌浆施工参数，施工前在现场喷射一正方形试验围井，边长 1.2m，深度 17m，围井深入承压含水层 5m，围井封底 1m。围井四边向外摆喷半圆形，旋喷封底。开挖后墙体连接可靠，墙体取样试验结果：抗压强度 2.3～14.6MPa，渗透系数 $k = 4 \times 10^{-7}$ cm/s，有效喷射半径 0.6～1.0m。通过围井试验结果确定施工参数见表 8-9。

表 8-9　施工工艺参数

参数		
高压水	压力 p（MPa）	35～36
	流量 Q（L·min⁻¹）	＞75
压缩气	压力 p（MPa）	0.7～0.8
	流量 Q（m·h⁻¹）	＞80
水泥浆	压力 p（MPa）	0.1～0.5
	流量 Q（L·min⁻¹）	80
浆液相对体积质量	送浆（g·cm⁻³）	＞1.65
	回浆（g·cm⁻³）	＞1.25
第一排孔	提速（cm·min⁻¹）	8～10
	摆速（r·min⁻¹）	4～6
第二排孔	提速（cm·min⁻¹）	10～12
	摆速（r·min⁻¹）	4～6

试验围井平面图、剖面图见图 8-17。

4. 高喷防渗帷幕施工

（1）高喷灌浆施工工艺流程见图 8-18。

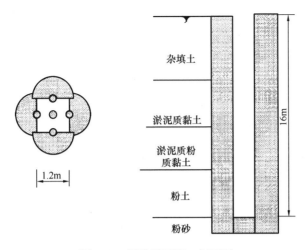

图 8-17　围井平面图、剖面图

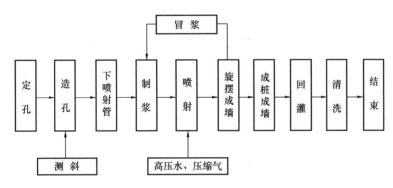

图 8-18　高喷防渗帷幕施工工艺流程

（2）高喷灌浆施工主要设备见表 8-10。

表 8-10　施工主要设备一览（一套设备）

设备名称	型号及规格	功率（kW）	单位	数量
地质钻机	XY-300	22	台	2
高喷台车	GS 500-4	15	台	1
高压水泵	3D2-SZ	75	台	1
空压机	V-6/8-1	37	台	1
搅拌机	WJG-80	13	台	2
灌浆泵	HB80/10	4	台	2

5. 施工中遇到的问题及处理措施

1）钻孔移位原因

在整个帷幕施工过程中，608 个灌浆孔中有 24 个孔出现事故，占总数的 4%，由各种原因引起变更移位，沿垂直施工轴线方向移孔，移位最大距离 30cm，最小 10cm。移位的原因有以下几种：

（1）杂填层中有大尺寸混凝土块、钢板、螺纹钢、钢管、水管等；

（2）钻进过程中，因机械事故或停电时间较长引起的钻孔事故，钻具埋在孔内；

（3）高喷过程中，因停电或机械事故使喷射中断，导致喷射管埋在孔内；

（4）高喷过程中，因停电时间长孔内的水泥浆液已初凝，无法更换。

以上各孔变更移位，力求移位最小，并放慢提速、增加喷射范围，保证质量。

2）基岩地层漏浆

（1）在608个灌浆孔中有21个孔发现孔内漏浆。

（2）高喷过程中，开喷后基岩段漏浆，各孔漏浆时间长短不等，最长的45min不返浆，最短的7min不返浆，漏浆量155L/min。

（3）有18个孔少量漏浆。工程勘察报告中提到有9个钻孔在基岩段漏浆。漏浆部位均在卵石层下基岩砂岩层中。漏浆孔漏浆时停止提升，待返浆正常后再提升；返浆量少的孔，放慢提速，待返浆正常后再恢复正常提速。

（4）21个漏浆孔共停止提升551min，耗用水泥浆44.08m³。

3）高喷时出现憋泵和埋管

（1）在施工开始阶段，经常发生憋泵（表现为泵压高、输浆管路爆破）和埋管现象，连续8个孔出现憋泵和埋管，在处理事故时，5个孔将喷射管处理上来，3个孔喷射管断在孔内。通过移孔及时补救。

（2）经过分析研究，查明事故原因，钻孔口径φ130mm，喷射管外径φ108mm，孔壁与喷射管之间间隙太小不利于返浆；且使用300t油压钻机造成垂直深孔成孔率低，返工次数多。

（3）解决办法是，改换GPS-10-300磨盘钻机造孔，增大钻孔口径。

4）摆动卡瓦与喷射管打滑

（1）喷射管在孔内深度50m至42m喷射时，出现卡瓦打滑现象，42m至地面，卡瓦工作正常。卡瓦将喷射管刻出深槽仍卡不住，以至喷射管变形断裂。这是以往浅孔（40m以内）施工中从未遇到的问题。摆喷方向控制不住，工程质量无法保证，不能断续施工。

（2）经分析认为：由于孔深，喷射管长，浆液浓度大，向上升扬的残余浆液含砂量大，易沉积，喷射管摆动时摩擦阻力大。

（3）解决办法：改变卡瓦与喷射管的接触形式，将卡瓦和喷射管接触部位改成齿轮互嵌式。

6. 工程效果

该工程从设备进场到出场共用5个月，正常施工3个月，工程按期保质保量完成任务。基坑开挖两个月，挖到设计深度14.2m，裸露出支护桩与帷幕墙，墙与桩连接紧密，防渗帷幕墙无一处渗水漏水，坑底承压含水层干如沙漠，防渗效果良好；保证了基坑周边复杂（重要）地下市政设施的稳定。该项工程总造价1200万元。在工程质量方面合格率达到100%，竣工验收后，被评为最佳深基坑防渗帷幕工程，被建筑业誉为武汉市深基坑防渗帷幕样板工程。

第七节　钢板桩与钢筋混凝土板桩施工案例

1. 工程概况：

杭州钱江铁路新桥位于钱塘江干流杭州市河段，北岸为杭州市彭埠镇，南岸为杭州市萧山区。线路向北接改建后的杭州东站客专场，向南引入萧山站客专场，是沪杭甬客运专线杭甬段和杭长客运专线的重要组成部分。项目桥址位于杭州铁路枢纽既有钱江铁路二桥铁路桥上游，铁路新桥桥梁中心与既有钱江二桥铁路桥中心距为 29.25m，两桥内侧线路中心距为 20.2m。

45♯～51♯、53♯～59♯墩为八边形承台，厚 4m，下部为 17 根 ϕ2.0m 钻孔桩，呈梅花形布置。承台平面布置见图 8-19 及表 8-11。

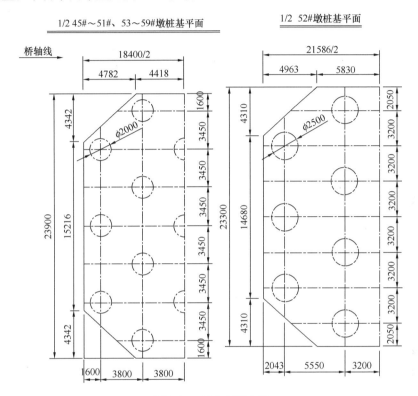

图 8-19　承台平面布置

表 8-11　承台平面布置

墩号	支撑标高（m）	河床标高（m）	围堰内吸泥标高（m）
59	5.5	2	−5.575
58	5.5	−1	−5.575
57	5.5	−1	−6.075
56	5.5	−1	−6.075
55	5.5	−1	−6.075
54	5.5	−2	−7.075
46	5.5	2	−5.575

2. 地质情况

粉土层：黄灰色，潮湿、饱和，稍密～中密，稍具层理，夹少量薄层黏性土，含少量云母碎片，摇震反应迅速。σ_0＝100kPa，标准贯入试验＝7.78 击。

淤泥质粉质黏土层：浅灰色，流塑，局部软塑，含少量贝壳及腐殖质，局部夹粉土薄层。属高压缩性土。$\sigma_0 = 80$kPa，标准贯入试验＝4.48 击。

在桥址位置，百年一遇最大涌潮高度 2.45m，涌潮压力 49kN/m²；十年一遇最大涌潮高度 1.96 m，涌潮压力 32kN/m²。涌潮压力分布形式：在低潮位以上沿垂线方向差别不大，可按矩形分布；在低潮位以下水深范围内按零处理。

桥位处土层以 56 号桥墩位为例，从上向下依次为粉土、淤泥质粉质黏土等，土层立面见图 8-20，岩土力学参数值见表 8-12。

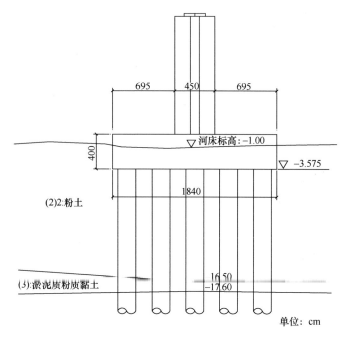

图 8-20 墩位土层立面图

表 8-12 岩土力学参数值

地层名称	快剪		固结快剪	
	内摩擦角（°）	凝聚力（kPa）	内摩擦角（°）	凝聚力（kPa）
粉土	26.14	16.03	28.61	13.24
淤泥质粉质黏土	8.32	13.96	11.65	18.25

3. 施工方案选择

由于原钱江二桥施工时遗留下的部分栈桥预应力管桩与钱江铁路新桥部分承台施工双壁钢围堰重叠，且原钱江二桥施工时抛填片石及其他遗留物较多，本工程承台均埋于河床下，承台施工时若采用双壁钢围堰，则其下沉过程中将会遇到大量障碍物而导致钢围堰下沉困难。拉森钢板桩围堰能较方便地转向，遇片石或其他障碍物时可以适当避让；考虑本工程位于强涌潮地区，涌潮压力大，若采用钢板桩围堰则钢板桩自身刚度要大、要具有较强的抗潮能力。

拉森Ⅵ钢板桩为近期从日本引进的新型材料，该钢板桩每米板面惯性矩 $I_x = 56700$cm⁴；拉森Ⅳ钢板桩每米板面惯性矩 $I_x = 38600$cm⁴。拉森Ⅵ钢板桩较国内常用的其他钢板桩截面抗弯模量大、锁口水密性能较好、钢板桩施工时插打和拔除均较为方便；因此本桥钱塘江中部分承台选用拉森Ⅵ型钢板桩围堰施工承台的方案。

56 号墩承台为八边形，平面尺寸为 18.4m×23.9m×4m（顺桥向宽×横桥向宽×高），承台底标高−3.575m。在距承台边净距约为 1m 外设置钢板桩围堰。钢板桩围堰顺桥向由 32 根宽度为 0.6m 及 2 根 0.3m 转角钢板桩组成；横桥向由 45 根宽度为 0.6m 钢板桩组成；转角处钢板桩与另一根钢板桩焊成直角桩，便于钢板桩围堰方向转变。施工期水位为＋5.0m，钢板桩围堰顶按＋6m 设置。钢板桩围堰设两层支撑，第 1 层支撑设置在＋5.5m，第 2 层支撑设置在＋2.5m 处。钢板桩围堰平面及立面布置见图 8-21、图 8-22。

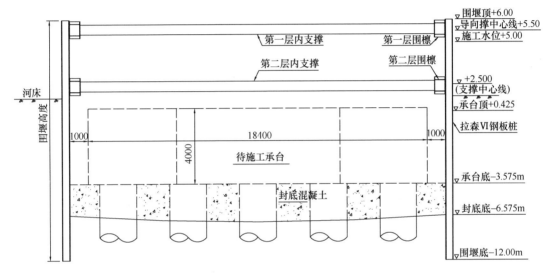

图 8-21　承台及钢板桩围堰平面布置（cm）

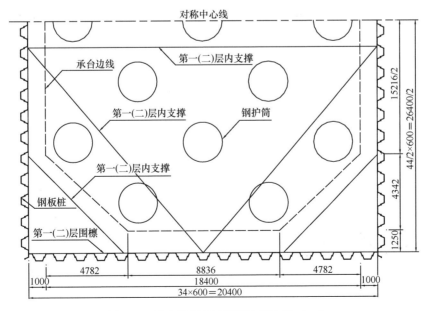

图 8-22　承台及钢板桩围堰立面布置（cm）

151

4. 钢板桩围堰施工方案

钢护筒插打完成后，在＋5.5m标高处钢护筒上焊接牛腿，将第1层围檩设置好，然后再安装第1层内支撑。沿围堰第1层檩周围开始插打钢板桩直至形成闭合围堰，进行不排水取土至封底标高，水下混凝土封底；待封底混凝土达到设计强度后，抽水至标高＋2.0m，在＋2.5m处钢板桩围堰上设置的牛腿上，安装第2层围檩并设置好第2层内支撑。排干围堰内的水，破除桩头，然后进行承台、墩身的施工。墩身施工完成后向围堰内注水至＋2.0m处，拆除第2层内支撑及围檩，继续注水至＋4.5m处，拆除第1层内支撑及围檩，拔除钢板桩。

钢板桩围堰施工工艺流程：

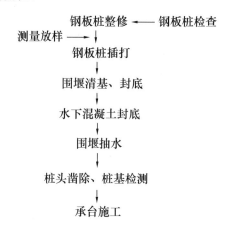

5. 主要施工工艺及施工方法

1) 钢板桩插打前的准备

(1) 钢板桩的检验

钢板桩运到工地后，应进行检查、分类、编号及登记。对钢板桩进行外观检验，包括表面缺陷、长度、宽度、厚度、高度、端头矩形比、平直度和锁口形状等，新钢板桩必须符合出厂质量标准，重复使用的钢板桩应满足以下技术要求，否则在打设前应予以矫正。

(2) 钢板桩吊运及堆放

装卸钢板桩宜采用两点吊。吊运时，每次起吊的钢板桩根数不宜过多，并应注意保护锁口免受损伤。吊运方式有成捆起吊和单根起吊。成捆起吊通常采用钢索捆扎，而单根吊运常用专用的吊具。

钢板桩应堆放在平坦而坚固的场地上，必要时对场地地基土进行压实处理。在堆放时要注意：堆放的顺序、位置、方向和平面布置等，应考虑到以后的施工方便。钢板桩要按型号、规格、长度、施工部位分别堆放，并在堆放处设置标牌说明。钢板桩应分层堆放，每层堆放数量一般不超过5根，各层间要垫枕木，垫木间距一般为3～4m，且上、下层垫木应在同一垂直线上，堆放的总高度不宜超过2m。

(3) 钢板桩锁口润滑及防渗措施

对于检查合格的钢板桩，为保证钢板桩在施工过程中能顺利插拔，并增加钢板桩在使用时防渗性能。每片钢板桩锁口都须均匀涂以混合油，其体积配合比为黄油：干膨润土：干锯末＝5：5：3。

（4）检查振动锤

振动锤是打拔钢板桩的关键设备，在打拔前一定要进行专门检查，确保线路畅通，功能正常，振动锤的端电压要达到 380～420V，而夹板牙齿不能有太多磨损。

（5）设置导向装置及内支撑

在钻孔桩完成后，测量放线，在钢护筒处焊接牛腿，并在牛腿上标好围堰边线，安装导向支撑的 H588 导环，并与牛腿焊接牢固。

2）钢板桩插打

（1）考虑到起吊设备和振动设备等因素，钢板桩围堰采用逐片插打。钢板桩插打机械选用 DZ90 振动打桩锤并配专用夹具，起吊机械利用履带吊机，用固定的临时导向架插打钢板桩，在稳定的条件下安置桩锤。

（2）钢板桩插打从上游端开始，沿两侧向下游端进行，最后在下游端闭合。插打分两阶段进行，先进行预打，形成闭合结构后，再复打到位。由于围堰大，钢板桩数量多，锁口间隔累计增大，施打围堰时，钢板桩容易倾斜，因此，每次打插完 5 片，用短钢筋头将钢板桩点焊固定于内导向框上，减少累积偏斜位移，利于围堰合龙。

（3）开始打设的第一、二块钢板桩的位置和方向应确保精确，以便起到样板导向作用，所以在插打第一、二块钢板桩时，增设导向轨、导向卡等新型导向结构。导向轨用 I30 做成，按一定距离垂直焊在导环及导向支架上。导向卡则由切肢角钢和钢板组焊而成，先预制成凹形卡块然后焊在与导向轨相应位置的钢板桩凹槽内如图 8-23、图 8-24 所示。导向轨安装长度不少于 3m，其安装垂直度偏差控制在 1/1000 以内。第一、二片钢板桩每打入 1m 应测量一次，插打至设计标高后应立即用钢筋或钢板与导环焊接固定。其余各钢板桩，则以已插好的钢板桩为准，起吊后人工扶持插入前一片钢板桩锁口，然后用振动锤振动下沉。整个施工过程中，要用锤球始终控制每片桩的垂直度，及时调整。调整工具有千斤顶、木楔、导链等。插打过程中，须遵守"插桩正直，分散即纠，调整合龙"的施工要点。导向装置如图 8-23 所示。

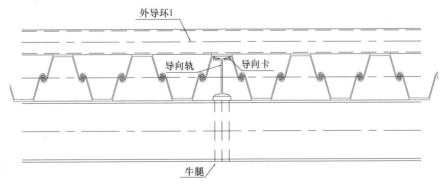

图 8-23　钢板桩插打时导向装置示意

3）钢板桩围堰合龙

在合龙前剩最后 5～7 片钢板桩未插打时，开始测量并计算钢板桩底部的直线距离，再根据钢板桩的宽度，计算出所需钢板桩的片数。钢板桩围堰在合龙时，两侧锁口不一定平行，会出现上大下小或上小下大、左右偏移等情况，采用如下措施进行调整：

（1）合龙口尺寸上下都大时，在合龙口两侧钢板桩上点焊上下平行吊耳，位置及数量根据尺寸大小的差值而定，利用倒链滑车相向对拉，直至符合要求为止（图8-24）。

图 8-24　钢板桩插打过程

（2）合龙口上大下小时，只在合龙口两侧钢板桩上部点焊吊耳，位置及数量大小的差值而定，利用倒链滑车相向对位，直至符合要求为止。

（3）合龙口上小下大时，只在合龙口两侧钢板桩上部点焊上下平行吊耳，位置及数量根据尺寸大小的差值而定，利用倒链滑车向上部进行相向对拉，下部反向外拉，直至符合要求为止。

（4）合龙口尺寸上下都小时，在合龙口两侧钢板桩上点焊上下平行吊耳，位置及数量根据尺寸大小的差值而定，利用倒链滑车反向外拉，直至符合要求为止。

如果采取以上措施仍不能解决合龙问题，就采用特制型桩合龙。围堰合龙如图 8-25所示。

图 8-25　钢板桩围堰合龙

4）围堰清基、封底

（1）清基

采用空气吸泥机将压缩空气经风管射入围堰底，使翻动的沉淀物经吸泥管排出孔外，将围堰内基底面清至设计标高。

清基时注意保持围堰内外水位一致，必要时采用水泵补水，防止翻砂影响清基效果。封底混凝土高度范围内的钢板桩围堰内壁上的砂土应清除干净，并且要使基底面尽量平整，以提高水下混凝土的灌注质量。

（2）封底

利用钢围堰和钻孔桩护筒作为支撑，沿顺桥向拼装贝雷梁，其上铺脚手板作为封底施工平台。

封底施工平台间拼装两个储料斗支架、安装储料斗、旋转漏斗、滑槽和导管等封底施工设备。每个滑槽须用临时支撑固定牢固。

封底混凝土的灌注采用垂直导管法，导管数量及在平面上的布置，应使各导管的有效灌注半径互相搭接，并覆盖基底全范围。

拔球顺序根据导管处底面情况，按事先编好的拔球顺序（根据清基后的底面标高确定）逐根进行拔球灌注。原则是由低处向高处，由四周向中间的顺序，分期分批开灌，尽量不要使混凝土流动太远。

围堰吸泥、清基、封底如图 8-26 所示。

图 8-26　围堰吸泥、清基、封底示意

5）抽水，焊接内支撑，开始承台施工。封底混凝土强度达到设计要求后，开始抽水，焊接钢板桩围堰内支撑，支撑采用钢管焊接，支撑检查合格后，开始清理封底混凝土表层，进行桩基检测，桩头凿除，开始承台钢筋绑扎，模板安装，承台混凝土浇筑。

6. 承台施工工艺

1）模板制作与安装

钢板桩围堰采用大块钢模施工承台，以减少模板拼缝，提高混凝土外观质量。模板支设前应检查板面是否变形，是否有划痕、翘曲破损，如板面有明显损伤，一律禁止使用；用磨光机清除表面污物，均匀涂刷机油作为脱模剂。板块拼缝位置应事先规划，排列整齐。模板内表面应无污物、砂浆及其他杂物，并应在使用前涂脱模剂。脱模剂或其他相当的代用品，应具有易于脱模的性能，并使混凝土表面不变色。所有模板缝之间均夹塑纸一层，防止混凝土浇灌时漏浆，但不能突出模板面，以防嵌入混凝土中影响混凝土外观质量。

2）钢筋制作与安装

（1）钢筋加工制作时，要对钢筋加工表与设计图复核，检查下料表是否有错误和遗漏，合格后再按下料表放出实样，加工好的钢筋要挂牌堆放整齐有序。

（2）承台主筋接长采用滚轧直螺纹套筒连接方式，其余钢筋采用闪光对焊连接。钢筋制作过程中须严格控制钢筋接头安装质量，且钢筋接头必须错开布置，接头数不超过该断面钢筋总根数的 50%。

（3）钢筋的品种、规格、性能、质量要符合设计要求。采用焊接接头时，要按要求取样试验，检查接头的机械性能。

3）混凝土浇筑

（1）承台混凝土采用水平分层斜向分段进行浇筑，分层厚度严格控制在 30cm 左右。

（2）混凝土的振捣采用插入式振捣器，每次振捣时，以不扰动下层混凝土为主，插入下层深度在 5～10cm。

（3）在振捣过程中应经常检查模板、预埋件及内外支撑和拉杆的支撑情况，有异常及时处理。

（4）浇筑速度要保证在初凝时间内上层混凝土必须覆盖下层混凝土，并加强混凝土振捣，确保混凝土密实。振捣时振动棒不得碰到模板和钢筋。

具体施工如图 8-27 所示。

图 8-27　承台钢筋绑扎及承台混凝土浇筑

4）承台养护和冷却水管注浆

（1）混凝土终凝后即开始养护，一般混凝土浇筑完毕后的 12h 内应覆盖养护。混凝土湿润养护时间至少 28d，水中承台浇筑完毕后，利用冷却管循环热水蓄水养护。

（2）混凝土强度达到 1.2MPa 前，不得使其承受施工人员、运输工具、钢筋、支架及脚手架等荷载。

（3）待混凝土内外温差达到规范要求后，冷却水管停止水循环，用与承台等强度的水泥浆对冷却水管进行压浆。

7. 钢板桩施工安全质量注意事项

（1）钢板桩围堰的防渗能力好，但遇锁口不密、个别桩入土不够深及桩尖打卷的情况，仍有可能渗漏。锁口不密漏水在抽水过程中发现时，以橡胶条、棉絮、麻绒等在板桩内侧嵌塞。

（2）内支撑系统各杆件的加工及安装应该严格控制精度，安装时应测定各构件的平面位置，控制好各部位的高程，尽可能使内支撑系统在同一水平面上，确保其均匀受力。内支撑构件必须焊接牢固，避免局部失稳；内支撑与钢板桩间要尽量密贴，有空隙处必须用钢板抄垫。

（3）当钢板桩难以下插时，应停下来分析原因，检查锁口是否变形、桩身是否变形、钢板桩有无障碍物等，不能一味蛮干，磨损了钢板桩。

（4）承台施工完毕后，必须将钢板桩围堰与承台之间支撑牢靠，并经工区技术负责人检查通过后，方可拆除内支撑。

（5）围堰四周均应设置防护栏杆，并布满安全网。

第八节　型钢水泥土搅拌桩施工案例

1. 工程概况

本工程为西南分区×××工程 2 标段土建项目，包括 25～43 号楼、47～48 号楼及 51 号楼，共 22 幢单体，为 11～18F 高层建筑及 4F 多层建筑，总建筑面积为 141665.60m²。地上面积 103223m²，地下面积为 38442m²，基坑面积为 34990.46m²。结构形式为框架与框剪结构。工程设计±0.000 相当于黄海标高 5.900m。

2. 水泥搅拌桩设计概况

（1）基坑的西面、北面、南面及东面的 Ⓖ～Ⓠ 轴采用 φ700 水泥搅拌桩搭接 200mm，作止水帷幕，在靠近基坑内侧的水泥搅拌桩内插 HN200×100（Q345B）型钢，隔一插一，型钢长度 8m。

基坑东南侧 Ⓖ～Ⓐ 轴交 40～45 轴范围内，采用单排 φ700mm 水泥搅拌桩搭接 200mm，作止水帷幕。

（2）电梯井部位坑中坑加固采用双轴 φ500 水泥搅拌桩搭接 150mm。

（3）水泥搅拌桩采用 P·O 42.5 级普通硅酸盐水泥，水灰比为不大于 0.55，添加适量早强剂，水泥掺量为 18%，桩顶超喷 0.5m。

（4）水泥搅拌桩工艺：第一次预搅下沉至设计标高，喷浆提升；第二次下沉至设计标高，喷浆提升复搅，提升速度控制在 0.6m/min 以内。搅拌桩成桩均匀、持续，无颈缩和断层，严禁在提升喷浆过程中断浆，特殊情况造成断浆应重新成桩施工，搅拌桩垂直偏差 $\not> L/150$（L 为桩长）。

搅拌桩示意如图 8-28 所示。

3. 施工步骤

（1）场地回填平整

水泥搅拌机施工前，必须先进行场地平整，清除施工区域内的表层硬物，素土回填夯实。在场地平整过程中，应首先对水泥搅拌桩施工部位清障，深度控制在 4m 左右。注意及时查看是否有地下古物和遗址的发现。一旦在清障过程中有不明遗址或古物，应立即联系相关文保单位，并妥善做好现场保护工作。

水泥搅拌桩施工区域由于受地表障碍物的影响较为明显，因此一定要预先做好清障工作，确保没有大的障碍物影响水泥搅拌桩施工。

（2）测量放线

根据提供的坐标基准点，按照设计图进行放样定位及高程引测工作，并做好永久及临时标志。放样定位后做好测量技术复核单，提请监理工程师进行复核验收签证。确认无误后进行施工。

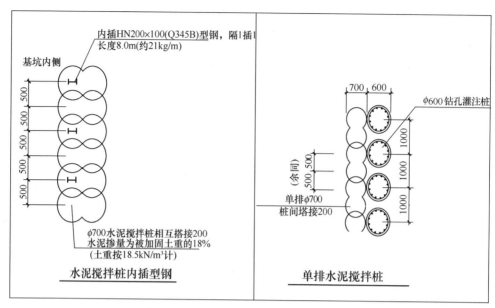

图 8-28　搅拌桩示意（单位 mm）

（3）开挖沟槽

根据基坑围护内边控制线，采用挖土机开挖沟槽，并清除地下障碍物，开挖沟槽余土应及时处理，以保证 SMW 工法正常施工，并达到文明工地要求。

（4）定位型钢放置

垂直沟槽方向放置两根定位型钢，规格为 400mm×400mm，长约 2.5m，再在平行沟槽方向放置两根定位型钢，规格为 300mm×300mm，长约 8～20m，定位型钢必须放置固定好，必要时用点焊进行相互连接固定；转角处 H 型钢采取与围护中心线成 45°角插入，H 型钢定位采用型钢定位卡。具体位置及尺寸视实际情况而定。

4. 水泥搅拌桩内插型钢施工

1）根据施工工艺要求，根据工程规模和工期要求以及现场场地条件和临时用电等情况，合理确定设备和机械配套工具的投入。

2）具体施工工艺流程见第三章。

3）桩机就位

（1）由当班班长统一指挥，桩机就位，移动前看清上、下、左、右各方面的情况，发现障碍物应及时清除，桩机移动结束后认真检查定位情况并及时纠正。

（2）桩机应平稳、平正，并用经纬仪垂直定位观测以确保桩机的垂直度。

（3）水泥搅拌桩桩位定位后再进行定位复核，偏差值应小于 2cm。标高误差 10cm 以内，垂直度偏差不大于 0.5%。

4）搅拌速度及注浆控制

（1）水泥搅拌桩采用一次搅拌工艺，水泥和原状土须搅拌均匀，在下沉和提升过程中均应注入泥浆液，同时严格控制下沉和提升速度。根据设计要求和有关技术资料规定，下沉速度不大于 1m/min，提升速度不大于 1.0～1.5m/min，在桩底部分适当持续搅拌注浆，做好每次成桩的原始记录。提升速度不宜过快，避免出现真空负压、孔壁塌方现象。

（2）制备水泥浆液及浆液注入

在施工现场搭建拌浆施工平台，平台附近搭建 $100m^2$ 水泥库，在开机前应进行浆液的搅制，开钻前对拌浆工作人员做好交底工作。采用 P·O 42.5 普通硅酸盐水泥，水灰比为 1.5，拌浆及注浆量以每钻的加固土体方量换算。注浆压力为 1.5～2.5MPa，以浆液输送能力控制。土体加固后，搅拌土体 28d 抗压强度≥1.2MPa。

5）H 型钢加工及下插 H 型钢质量保证措施

水泥搅拌桩施工完毕后，吊机应立即就位，准备吊放 H 型钢。

（1）H 型钢使用前，在距型钢顶端处开一个中心圆孔，孔径约 8cm，并在此处型钢两面加焊厚≥12mm 的加强板，加强板尺寸 400mm×300mm，中心开孔与型钢上孔对齐。

（2）若所需 H 型钢长度不够，需进行拼焊，焊缝应均为破口满焊，焊好后用砂轮打磨焊缝至与型钢面一样平。

（3）根据甲方提供的高程控制点，用水准仪引放到定位型钢上，根据定位型钢与 H 型钢顶标高的高度差确定吊筋长度，在型钢两腹板外侧焊好吊筋（≥φ12 线材），误差控制在±5cm 以内。H 型钢插入水泥土部分均匀涂刷减摩剂。

（4）装好吊具和固定钩，然后用 25t 吊机起吊 H 型钢，校核垂直度，必须确保垂直。

（5）在沟槽定位型钢上设 H 型钢定位卡，型钢定位卡必须牢固、水平，必要时用点焊与定位型钢连接固定；型钢定位卡位置必须准确，要求 H 型钢平面度平行基坑方向 L ±4cm（L 为型钢间距），垂直于基坑方向 S±4cm（S 为型钢朝基坑面保护层），H 型钢形心转角小于 3°；将 H 型钢底部中心对正桩位中心并沿定位卡靠型钢自重徐徐垂直插入水泥土搅拌桩体内，垂直度用线锤控制。

（6）用槽钢穿过吊筋搁置在定位型钢上，待水泥土搅拌桩达到一定硬化时间后，将吊筋与沟槽定位型钢撤除。

（7）若 H 型钢插放达不到设计标高时，则采用提升 H 型钢，重复下插使其插到设计标高，下插过程中始终用线锤跟踪控制 H 型钢垂直度。

6）报表记录：施工过程中由专人负责，详细记录每根桩的下沉时间、提升时间和 H 型钢的下插情况。及时填写当天施工的报表记录，隔天送交监理工程师。

5．H 型钢的拔出与回收

1）H 型钢涂刷减摩剂

根据设计要求，本支护结构的 H 型钢在地下室结构完成且围护结构与地下室之间的缝隙回填密实后，方可考虑拔出回收。H 型钢在使用前必须涂刷减摩剂，以利拔出；要求型钢表面均匀涂刷减摩剂。

（1）清除 H 型钢表面的污垢及铁锈。

（2）减摩剂必须用电热棒加热至完全融化，用搅棒搅拌时感觉厚薄均匀，才能涂敷于 H 型钢上，否则涂层不均匀，易剥落。

（3）如遇雨天，型钢表面潮湿，应先用抹布擦干表面才能涂刷减摩剂，不可以在潮湿表面上直接涂刷，否则将剥落。

（4）如 H 型钢在表面铁锈清除后不立即涂减摩剂，必须在以后涂刷施工前抹去表面灰尘。

（5）H 型钢表面涂上涂层后，一旦发现涂层开裂、剥落，必须将其铲除，重新涂刷减摩剂。

(6) 挖土时对 SMW 工法桩和型钢的保护

基坑开挖时，随着土体不断挖除，水泥搅拌桩逐渐露出，为了有效保护好水泥搅拌桩，保证桩墙的稳定性和止水性以及今后型钢能顺利拔出，要求机械挖土至离水泥搅拌桩边 20cm 时，采用人工将水泥搅拌桩上的土体小心剥离下来；严禁挖土机械任意碰撞水泥搅拌桩，挖去桩体水泥土，露出型钢；若水泥土桩体被挖损并碰划型钢表面，使减摩剂涂层破损，必须马上清理好型钢表面，并补涂上减摩剂，以防型钢锈蚀今后无法顺利拔出。

2）H 型钢拔出后注浆：H 型钢拔出后，对水泥搅拌桩内部所造成的缝隙，采取注浆措施。采用 P•O 42.5 普通硅酸盐水泥，按照水灰比 0.6～0.8 调配注浆液；调制时应控制各项原材料的相对密度；注浆方法采用高压注浆，保证桩身强度和均匀性。

3）H 型钢回收：待地下主体结构完成并达到设计强度后，采用专用夹具及千斤顶以圈梁为反梁，起拔回收 H 型钢；起拔过程中始终用吊车吊起顶出的 H 型钢，千斤顶顶至一定高度后，用吊车将型钢拔出桩体，在指定场地堆放好，分批集中运出工地。

4）施工顺序：凿混凝土地坪、挖沟、人工清泥→起拔机就位、施加反力→吊机就位，起吊 H 型钢。

5）起拔 H 型钢施工条件：

(1) 在施工场地不具备条件（无法停吊车）时，设计应考虑在顶板浇筑完成，且混凝土强度达到设计要求时，35t 履带吊及 0.7m³ 挖土机能在顶板上作业；或甲方采取加固措施，以保证 H 型钢起拔顺利施工。

(2) 凿混凝土地坪、挖沟、人工清泥等准备工作后，至少每天保证 20m 长的施工工作面。

(3) 在施工场地不具备条件时，待顶板混凝土强度达到设计要求后，挖土机宜停在顶板位置作业，用挖土机挖除 H 型钢之间的泥土，挖掘全圈梁顶标高。并把余土清理干净，直至混凝土圈梁完全暴露出来。

(4) 起拔 H 型钢：起拔机型号为 WK-35 型，最大起拔力 400t，自重约 3t。

6. 质量保证措施

1）水泥搅拌桩施工质量保证措施

(1) 孔位放样误差小于 4cm，钻孔深度误差小于 ±5cm，桩身垂直度按设计要求，误差不大于 0.5% 桩长。施工前严格按照设计提出的搅拌桩两边尺寸外放 100mm 要求进行定位放样。

(2) 严格控制浆液配比，做到挂牌施工，并配有专职人员负责管理浆液配置。严格控制钻进提升及下沉速度，下沉速度不大于 1m/min，提升速度不大于 1.5m/min。

(3) 施工前对搅拌桩机进行维护保养，尽量减少施工过程中由于设备故障而造成的质量问题。设备由专人负责操作，上岗前必须检查设备的性能，确保设备运转正常。

(4) 看桩架垂直度指示针调整桩架垂直度，并用经纬仪进行校核。

(5) 工程实施过程中，严禁发生定位型钢移位，一旦发现挖土机在清除沟槽土时碰撞定位型钢使其跑位，立即重新放线，严格按照设计图纸施工。

(6) 场地布置综合考虑各方面因素，避免设备多次搬迁、移位，减少搅拌和型钢插入的间隔时间，型钢必须在水泥搅拌桩施工完后 3h 内插入，尽量保证施工的连续性。

（7）严禁使用过期水泥、受潮水泥，对每批水泥进行复试合格后方可使用。

2）施工冷缝处理：施工过程中一旦出现冷缝则采取在冷缝处围护桩外侧补搅素桩方案，在围护桩达到一定强度后进行补桩，以防偏钻，保证补桩效果，素桩与围护桩搭接厚度约10cm。因处理冷缝而增加的工程量以实际施工量另计。

3）渗漏水处理

在整个基坑开挖阶段，组织工地现场小组常驻工地并备好相应设备及材料，密切观注基坑开挖情况，一旦发现墙体有漏点，及时进行封堵。具体采用以下方法补漏。

（1）引流管：在基坑渗水点插引流管，在引流管周围用速凝防水水泥砂浆封堵，待水泥砂浆达到强度后，再将引流管打结。

（2）双液注浆。

（3）配制化学浆液。

（4）将配制拌和好的化学浆和水泥浆送入贮浆桶内备用。

（5）注浆时启动注浆泵，通过2台注浆泵2条管路同时接上Y形接头从出口混合注入孔底被加固的土体部位。

（6）注浆过程中应尽可能控制流量和压力，防止浆液流失。

（7）施工参数：

注浆压力：0.3～0.8MPa

注浆流量：25～35L/min

注浆量：0.375m³/延米

浆液配比：A液：水：水泥：膨润土：外掺剂＝0.7：1：0.03：0.03

B液：水玻璃选用波美度为35～40°B′e

A液：B液＝1：1

初凝时间：45s

凝固强度：3～4MPa/2h

4）确保桩身强度和均匀性要求做到：

（1）水泥流量、注浆压力采用人工控制，严格控制每桶搅拌桶的水泥用量及液面高度，用水量采取总量控制，并用密度计随时检查水泥浆的密度。

（2）土体应充分搅拌，严格控制钻孔下沉、提升速度，使原状土充分破碎，有利于水泥浆与土均匀拌和。

（3）浆液不能发生离析，水泥浆液应严格按预定配合比制作，为防止灰浆离析，放浆前必须搅拌30s再倒入存浆桶。

（4）压浆阶段输浆管道不能堵塞，不允许发生断浆现象，全桩须注浆均匀，不得发生土浆夹心层。

（5）发生管道堵塞，应立即停泵处理。待处理结束后立即把搅拌钻具上提和下沉1.0m后方能继续注浆，等10～20s恢复向上提升搅拌，以防断桩发生。

5）插入H型钢质量保证措施

（1）型钢到场需得到监理工程师确认，待监理工程师检查型钢的平整度、焊接质量，认为质量符合施工要求后，进行下插H型钢施工。

（2）型钢进场要逐根吊放，型钢底部垫枕木以减少型钢的变形，下插H型钢前要检查型钢的平整度，确保型钢顺利下插。

（3）型钢插入前必须将型钢的定位设备准确固定，并校核其水平。

（4）型钢吊起后用经纬仪调整型钢的垂直度，达到垂直度要求后下插 H 型钢，利用水准仪控制 H 型钢的顶标高，保证 H 型钢的插入深度。

（5）型钢吊起前必须重新检查表面的减摩剂涂层是否完整。

7. 安全文明生产措施详见第六章，第七章。

第九节　重力式水泥土挡土墙施工案例

1. 工程概况

××工程：二期为凤山路口至沙塘收费站段（K11＋900～K20＋770），长度约8.870km，红线宽度 50m；三期为沙埔镇至凤山路口段（设计起点 K0＋000～K11＋900），长度约 11.900km。

（1）主要技术条件

公路等级：双向六车道城市道路。

设计速度：80km/h。

平均每公里交点数：0.56 个（交点 5 个）。

路基宽度：40m。

（2）主要材料

混凝土：本分项工程全部采用商品混凝土及片石。

2. 施工资源计划

（1）主要机具设备投入计划见表 8-13。

表 8-13　主要机具设备投入计划表

序号	设备名称	型号	单位	数量	用途
1	挖掘机	PC200	台	1	
2	自卸汽车		台	2	
3	抽水泵	5kWϕ50	台	5	排水
4	发电机	30kW	台	1	预防停电
5	全站仪	PENTAXR-202N	台	1	
6	水准仪	DS3	台	1	

（2）主要劳动力使用计划见表 8-14。

表 8-14　主要劳动力使用计划表

序号	工种名称	数量（人）	备注
1	普工	10	
2	混凝土工	5	
3	模板工	10	
4	机驾工	6	基槽汽运土方
5	测量工	2	
6	电工	2	

3. 重力式（衡重式）挡土墙施工技术方案

1）施工准备

因部分挡墙处于软基地段，已进行了旋喷桩地基加固处理，所以在施工前应先清理水泥桩的桩头，避免开挖基坑过程中破坏到水泥搅拌桩的完整性。

2）施工放样

首先用全站仪放出挡墙的中轴线，然后依据挡墙底座宽、基础深度及放坡系数放出挡墙开挖长度和宽度，并用白灰画线。作好定位放线记录并签证。在场地周围已有建构筑物通视条件良好的墙上作标高点，以控制挡墙上部的高程和水平度。

3）基槽开挖

（1）开挖前将场地清理平整，做好排水坡向。向有关部门了解和查阅资料，在施工红线范围内是否有地下管线、电缆、洞穴，如有应排除后进行开挖。

（2）基槽土石方部分主要采用挖掘机开挖，当挖至设计标高以上预留 30cm 则用人工开挖按要求将基底清理干净，并通知设计单位、现场监理和建设单位进行验槽。检查基底承载力、轴线和标高，基底承载力要求根据不同墙高设置，如基底承载力达不到设计要求，采取换填碎石、片石或混凝土基础等处理措施，同时作好隐蔽检查记录并签证。

（3）挡土墙基础采用 20～40m 分段跳槽开挖，开挖时须注意基坑支护，开挖后应立即施工挡墙及墙背回填，避免基坑坍塌。

4）基础 C25 片石混凝土浇筑

（1）在地基上浇筑混凝土前，对地基应事先按设计标高和轴线进行校正，并清除淤泥和杂物，同时排除开挖出来的水和开挖地点的流动水，以防冲刷新浇筑的混凝土。

（2）浇筑前，应根据混凝土基础顶面的标高在两侧模板上弹出标高线，如果采用原槽土模时，应在基槽两侧的土壁上交错打入长 10cm 左右的钢筋，并露出 2～3cm，钢筋面与基础顶面标高平。钢筋之间的间距约 3m 左右。

（3）根据基础深度宜分段分层连续浇筑混凝土，每浇筑一层 C25 混凝土，应当投入一定数量的片石，片石直径应为 15～30cm，采用人工投放片石，各段层间应相互衔接，每段间浇筑长度控制在 2～3m 距离，做到逐段逐层呈阶梯形向前推进。挡墙基础每 10m 设置沉降缝。当浇筑至设计基础顶面标高后，在基础顶面插入石笋，石笋外露部分应在 10cm 左右，确保基础与墙身形成很好的连接。

5）墙身 C25 片石混凝土浇筑

（1）首先根据设计图纸用全站仪放出挡墙的墙身线，清理掉基础上面的杂物，安装墙身模板，按设计标高用墨斗弹线，控制好墙身的顶面标高。

（2）根据基础深度，宜分段分层连续浇筑混凝土，每浇筑一层 C25 混凝土，应当投入一定数量的片石，片石直径应为 15～30cm，各段层间应相互衔接，每段间浇筑长度控制在 2～3m 距离，做到逐段逐层呈阶梯形向前推进。

（3）按设计做成泄水孔，强身地面以上部分每隔 2m 上、下、左、右交错设置泄水孔，坡度 5％，采用孔径 10cmPVC 管设置，进水口缠双层土工布。在台背设反滤层，用透水性较好的卵砾石作滤层材料，厚 30cm。泄水孔底部用混凝土浇筑以隔断水向下渗漏。

（4）混凝土浇筑要点：浇筑前，对支撑、模板及预埋件进行检查，将模板内的杂物、积水清理干净；模板接缝填塞严密，混凝土集中在自设搅拌站内拌制，用罐车运至现场。

汽车吊送入模。混凝土水平分层浇筑，分层厚度不超过 30cm，大致水平，分层振捣，边振捣边往里加片石，片石数量不超过混凝土体积的 25%，加片石时应注意，片石与模板之间的距离不得小于 10cm，片石与片石之间的距离不得小于 20cm。在浇筑前每一石块用干净水洗静使其彻底饱和，底层亦应干净并湿润。插入式振动器振捣密实，振动器移动间距为 50～70cm，与模板保持 10～15cm 的间距，插入下层 5～10cm，振捣棒要快插慢拔，不得碰撞模板。振捣时间根据混凝土坍落度确定，一般为 18～25s。振捣以混凝土下沉稳定，不再冒出气泡，表面平坦、泛浆为度。浇筑过程中有专人检查模板及支撑，发现问题及时处理。

（5）操作要点：混凝土浇筑要连续进行，如因故必须间断时，其间断时间要小于前层混凝土的重塑（初凝）时间，否则按施工缝处理。

混凝土浇筑工程中注意观察模板、支架等工作情况，如有变形、移位或沉陷，应立即校正、加固，处理后方可继续浇筑。拆模后对混凝土进行洒水养护，当气温低于 5℃时不得洒水。

（6）挡墙施工程序为：测量放样→开挖基槽→安装基础混凝土模板→验模→浇筑 C25 片石混凝土→拆模→养护→测量定位墙身线→安装基础混凝土模板→验模→浇筑 C25 片石混凝土→拆模→养护→墙背回填。

6）墙背回填

墙背采用土方进行回填。回填在混凝土强度达到 100% 后才能回填。由于先回填碎石之后路基填土与墙背回填结合面无法保证填土的压实度，因此本段重力式挡墙宜采用先填土至墙顶面以上，再反开挖回填碎石的施工方法。回填碎石宜采用分层回填的施工方法，每层厚度为 20～30cm，达到泄水孔高度后按设计要求设置土工布包裹碎石的反滤包，防止碎石跌入泄水孔，从而保证泄水孔的有效使用。

衡重式挡墙墙趾回填 50cm 宽的 C15 无砂大孔混凝土。按 1：0.5 的坡向上回填到地面线。

4. 质量保证措施参照第四章、第五章。

5. 安全文明施工措施详见第六章、第七章。

第九章　施工技术资料

第一节　工程资料的编制、整理及归档

工程技术资料的编制、收集、整理，是建筑施工过程管理中的一项重要内容。齐全的工程技术资料，是建设工程竣工验收的必备条件，也是对工程进行检查、维护、管理、使用、改建和扩建的原始依据。工程技术资料的编制、收集、整理和验收归档管理工作，贯穿整个工程项目的施工建设过程，涉及参建的方方面面，是一项繁杂的系统工程，也是项目精细化管理的一项重要内容，应当认真做好本项工作。

工程技术资料按照国家标准《建筑工程施工质量验收统一标准》（GB 50300—2013）和城建档案竣工资料归档内容、标准的要求，可以将其划分为以下十大类：

① 工程管理资料。

② 工程技术资料。

③ 工程测量记录。

④ 工程施工记录。

⑤ 工程试验检验记录。

⑥ 工程物资资料。

⑦ 工程质量验收资料。

⑧ 工程竣工图。

⑨ 工程竣工验收文件资料。

⑩ 工程管理声像资料。

1. 工程技术资料收集、整理的基本要求

1）责任主体：建设项目实行总承包的，由总包单位负责组织收集、汇总各分包单位形成的工程技术资料，统一整理后及时向建设单位移交；总包单位应组织和要求各分包单位将本单位形成的工程技术资料认真整理、立卷后及时移交总包单位。建设工程项目由几个单位承包的，各承包单位负责收集、整理立卷其承包项目的工程文件，并应及时向建设单位移交。

2）基本质量要求：

（1）归档的工程技术资料应为原件，在工程开工时就应同建设单位约定归档文件整理的份数。

（2）工程文件内容及其深度必须符合国家有关工程勘察、设计、施工、监理等方面的技术规范、标准和规程。

（3）工程文件内容必须真实、准确，与工程实际相符合。

（4）工程文件应采用耐久性强的书写材料，如碳素、蓝黑墨水，不得使用易褪色的书写材料，如红色墨水、纯蓝墨水、圆珠笔、复写纸、铅笔等。

（5）工程文件应字迹清楚，图样清晰，图表整洁，签字盖章手续完备。

（6）工程文件中文件材料幅面尺寸规格宜为 A4 幅面（297mm×210mm）。图纸宜采用国家标准图幅。

3）项目关键内容要统一：项目的工程名称、结构类型、建筑面积、层数等关键内容全卷一致。上述内容应在工程开工时根据建设单位的报建资料，确定好统一正确的内容，并在第一次监理例会中由资料整理单位提出来以会议纪要的形式加以明确，并要求各资料编制、整理单位按确定的内容填写工程资料。

4）表达部位要统一、准确：对于工程资料的表达部位填写要统一，不要有的写标高，有的写层数，有的分区，有的分轴线，最好既注明层数，又注明标高轴线及构件名称，而且要具体到构件，不要写主体或地下室等大部位，文件和表格记录中表达的部位必须和图纸部位一致。

5）有多个单位工程时工程资料整理的要求：对于有多个单位工程的工程资料，应按单位工程划分，分开整理，特别是隐蔽工程检查记录、试水记录，验收资料绝对不能合并，即使有少量的管理、技术和物资资料合并，应统一归入一个单位工程中，其他单位工程在工程资料整理时应注明存放处。

6）试验报告检验结论要明确，试验报告的代表部位至少要具体到层数及构件，不能简单地填写基础或主体。如果有不合格报告时，一定要加倍送检，并有加倍取样合格报告，如果没有，要查明具体原因。

7）盖章要严谨：明确哪些资料盖项目章，哪些资料盖上级单位行政公章。如图纸会审纪要、开（竣）工报告、分部工程验收记录、单位工程竣工验收记录、备案表、验收会议纪要、自评报告、评估报告都要求盖单位行政公章。施工过程中形成的工程技术、质量验收资料可以盖项目公章，特别应引起注意的是项目公章不得随意加盖，如由总承包单位直接分包的工程资料可以盖总承包单位公章，但建设单位直接分包的工程资料整理，应盖分包单位公章。

8）签字要正确：例如分部工程验收表中勘察单位要在地基与基础分部中签字；设计单位要在地基与基础、主体分部中签字。地基与基础、主体分部的质量、技术负责人应填写施工单位的质量、技术负责人，其他分部可填写项目质量、技术负责人。地基验槽时应由勘察单位派人参加，地基验槽记录需要勘察单位技术人员签字，并加盖勘察单位公章。

2. 各类资料编制方法

工程管理资料包括：工程概况表；建设工程施工许可证、工程开工报告；工程停工报告；工程复工报告；工程竣工报告；施工进度计划分析；项目大事记；施工日记；不合格项处置记录、建设工程质量事故调（勘）查记录、建设工程质量事故报告书；施工总结。

（1）项目大事记：项目大事记是施工日记的索引，主要记录项目开工、竣工、停工、复工、中间验收、质量安全事故、获得的荣誉、重要会议、分承包工程招投标、合同签署、上级检查指示等的日期及简述。

通过项目大事记可以清晰地了解施工全过程的重要事件，是工程施工重要的可追溯性记录。

（2）施工日记

施工日记是从开工到竣工对施工过程有关技术管理和质量管理的活动逐日记录；记录

日期应连续，当不连续时（如因事停工）应作出说明；记录内容要完整全面，不能只填写工人数；当天事当天记录；现场应设温度计，专人记录每天的温度和天气情况。

主要记事：预检情况（包括质量自检、互检和交接检存在问题及改进措施等）；验收情况（参加单位、人员、部位、存在问题）；设计变更、洽商情况；原材料进场记录（数量、产地、标号、牌号、合格证份数和是否已质量复试等）；技术交底、技术复核记录（对象及内容摘要）；归档资料交接（对象及主要内容）；原材料、试件、试块编号及见证取样送检等记录；外部会议或内部会议记录；上级单位领导或部门到工地现场检查指导情况（对工程所作的决定或建议）；质量、安全、设备事故（或未遂事故）发生的原因、处理意见和处理方法。

第二节　法定建设程序必备文件

1. 立项申请报告及批复

（1）立项申请报告是由建设单位向省、市和本系统主管部门提出立项申请。

（2）工程建设项目要有国家各级有关计划发展部门的投资计划文件；商品房要有商品房建设计划预备项目立项文件；外资企业建设项目要有政府外经部门的投资计划文件。

2. 可行性研究报告及批复

（1）对新建、扩建项目的一些主要问题，从技术和经济两个方面进行调查，对这个项目建成后可能取得的技术经济效果进行预测，提出该项目是否值得投资。

（2）大中型项目报国家计划部门审批，或由国家计划部门委托有关单位审批；重大项目和特殊项目报国务院审批；小型项目由各主管部门、各省、自治区审批。

（3）可行性研究报告一般是由规划部门规定，在选址时要求进行可行性研究的项目。

3. 环境影响报告书、环境影响报告表或环境影响登记表

（1）建设项目的环境影响报告书必须对建设项目产生的污染和对环境的影响作出评价，依照规定程序报环境保护行政主管部门审批。

（2）内容：建设项目的一般情况；周围地区的环境情况；建设项目周围地区的环境场所；建设项目环境保护技术经济保证意见。

4. 固定资产投资项目年度计划

单位工程的建设投资应经政府计划部门批准并列入国家基本建设发展计划内，施工单位应在开工前，按建设单位要求提供上级批准的建设文件，即计划文件。

5. 建设用地批准书

（1）经办单位：国土房管部门。

（2）基本程序：在取得规划部门的建设用地规划许可证和红线图等资料后，向国土房管部门申请办理同意使用土地通知书，继而办理建设用地批准书。

6. 土地使用证

（1）经办单位：国土房管部门。

（2）基本程序：建设项目竣工时，土地管理部门以建设用地批准书为依据，重新核定土地使用范围和面积，无误后收回建设用地批准书，同时发土地使用证。

7. 建设用地规划许可证

（1）由建设单位提出申请，城市规划行政部门根据规划和建设项目的用地需要，确定建设用地位置、面积界限的法定凭证。

（2）经办单位：规划部门。

（3）必须具备建设项目选址意见书以及选址意见书中要求附送的有关专业批文，用地规划总平面图，1/500 或 1/2000 地形蓝图 4 份，市国土房管局用地项目预审文件，经城市规划行政主管部门按照建设用地审批程序审批后，给建设单位核发建设用地规划许可证。

8. 建设工程测量记录册

（1）建设工程测量记录册为建设工程放线记录册和建设工程规划验收测量记录册。

（2）经办单位：城市规划勘测部门。

（3）办理建设工程测量记录册为建设工程放线记录册要求拆除建设用地范围内的原有建筑物，必须提供经规划部门批准的用地红线图、《建设工程报建审核书》及报批的建筑施工图；办理建设工程规划验收测量记录册还要求完成土建工程和外墙装饰。

9. 建设工程规划许可证

施工单位在开工前，应按建设单位要求提供规划部门批准的规划定点文件和规划许可证。

10. 建设工程报建审核书

提供的资料：建设用地规划许可证及附图、有关房产证；申请报建项目报告；填一份报建表，设计单位、施工单位盖章；1/500 蓝图；设计要点文及退缩红线图；计经委的立项投资批文；建筑施工平、立、剖面蓝图；按规划要求提供消防、环保、防疫、人防、电信、绿化、文化保护等专业部门意见。

11. 施工图设计文件审查意见

建设单位应当将施工图设计文件报送建设行政主管部门，由建设行政主管部门委托有关审查机关进行审查。

12. 公安消防审核意见书

提供的资料：

（1）填写《建筑消防设计防火审核申请表》《自动消防设施设计防火审核申请表》或《建筑内部装修设计防火审核申请表》。

（2）消防设计图纸。

（3）其他相关报建资料。

13. 中标通知书（包括施工单位和监理单位）

14. 施工合同、分包合同及监理合同

竣工验收资料应附施工合同、分包合同、监理合同的副本原件。

15. 各责任主体及分包单位资质文件

16. 建设工程质量安全监督登记表

提供的资料：建设工程报建审核书；中标通知书及施工预算一份；总承包单位项目经理资质证书；工程地质勘探及水文地质资料；经审查的全套设计施工图一份；施工组织设计；旁站监理方案或监理规划一份；总承包单位受建设单位委托办理时要有建设单位的书

面委托。

17. 建筑工程施工许可证

建设单位应向工程所在的地县级以上人民政府建设行政主管部门申请领取施工许可证。

第三节　建筑工程综合管理资料

1. 单位工程开工申请报告

施工单位与监理单位分别成立项目部；施工图纸经过会审，存在问题已解决；施工组织设计或施工方案已经建设、监理单位批准；施工图预算已经编制，已签订工程合同；场内外交通已经修通，施工条件满足，场地已平整干净；材料、半成品能连续供应；机械运转正常；施工图设计文件已报县级以上人民政府建设行政主管部门审查；已办理建设工程质量安全监督登记手续；已办理施工许可证。开工报告要各单位签名和盖章。

2. 施工现场质量管理检查记录

（1）工程应编制工程质量管理制度、工程质量检验制度。

（2）施工现场各级施工人员的质量责任制，材料、设备存放管理制度。

（3）人员上岗证。

（4）分包单位资质。

（5）工程应具有完善的地质勘察资料、施工组织设计及审批手续。

（6）现场应有工程相关的国家规范、施工技术标准。

3. 单位工程施工组织设计

（1）内容：包括建设项目的性质与规模、建筑及结构设计简介、水文地质条件主要工程量表，施工组织管理机构的设置、分包队伍的选定、任务的安排、总进度控制、施工原则要求、施工顺序流向或分期施工安排。

（2）方法：重点单位工程的施工方法，采用的新材料、新工艺、新设备，编制系统调试方法和调试过程中的应急处理措施，施工准备计划，资源需要量施工总平面图、主要管理措施，施工临时用水、电设计。

4. 单位工程坐标定位测量记录

单位工程放线定位时一定要有监理（或建设）单位代表在场，并应认真研究规划部门的规划定点文件，对文件内有关该工程的要求，必须严格执行，最后需经施工、监理（或建设）在测量记录内签章认可。

工程基线复核应有施工单位及监理单位（或建设单位）代表参加，并签署复核意见、签名及加盖公章。

5. 工程质量事故报告、停（复）工通知及事故处理报告：

要求：质量事故发生的时间、地点、工程项目、施工单位名称；事故发生的经过、性质、伤亡人数和直接经济损失；事故发生的原因判断；事故发生后的技术措施和控制情况。

6. 工程中间验收交接记录

检查工程质量，是否满足设计需要，检查结果填写《工程中间验收交接记录表》，一式 4 份，建设、监理、设计、施工单位盖章。

7. 见证员证书

见证人员必须经培训考核取得《见证员证书》后，方可履行其职责。《见证员证书》由监理单位提供施工单位资料员

8. 工程总结

（1）对工程总概括，开工时间、竣工时间、地点、名称、结构、面积、层数、桩型材料设计特点。

（2）质量管理措施、安全技术措施、降低成本措施、采用新工艺、新材料、新技术解决问题。

（3）施工组织放案的实施、编制是否合理、有没有按照施工设计技术施工、有什么不足。

（4）施工中有没有安全事故的发生。

9. 民用建筑工程土壤氡浓度检测报告

10. 工程地质勘察报告

11. 施工日记

（1）内容：工程进度、质量、人员进退场。

（2）施工图的修改。

（3）质量、安全、机械事故的分析。

（4）施工中采用的重要技术组织措施、采用的工艺、技术、机械、材料。

（5）材料进场送检、抽检。

（6）施工部位或构件名称、混凝土强度等级、配合比设计报告编号。

（7）施工单位与建设、监理单位有关工程事务的协商。

（8）上级领导来现场检查的指示意见及结果、监督意见。

（9）现场实验，漏水、防水、排水。

（10）工程分批验收情况。

第四节　建设工程项目竣工验收资料内容

1. 竣工验收备案表（封面）
由建设单位在提交备案文件资料前按实填写。

2. 备案目录
由备案部门填写。

3. 工程概况

（1）备案日期：由备案部门填写。

（2）竣工验收日期：与《竣工验收证明书》竣工验收日期一致。

（3）建设工程规划许可证（复印件，原件提交验证）、建设工程施工许可证（复印件、原件提交验证）、公安消防部门出具的验收意见书、建筑工程施工图设计审查报告。

4. 单位工程验收通知书由建设单位加盖公章，市建设工程质量监督站项目主监员签名，并要求详细填写参建各方验收人员名单，其中包括建设（监理）单位、施工单位、勘察设计单位人员。

5. 单位工程竣工验收证明书

（1）由建设单位交施工单位填写，并经各负责主体（建设、监理、勘测、设计、施工单位）签字加盖法人单位公章后，送质监站审核通过后，提交一份至备案部门。

（2）验收意见一栏，须说明内容包括：该工程是否已按设计和合同要求施工完毕，各系统的使用功能是否已运行正常，并符合有关规定的要求；施工过程中出现的质量问题是否均已处理完毕，现场是否发现结构和使用功能方面的隐患，参验人员是否一致同意验收，工程技术档案、资料是否齐全等情况进行简明扼要的阐述。

6. 整改通知书

上面要求记录质量监督站责令整改问题的书面整改记录，系指工程是否存有不涉及结构安全和主要使用功能的其他一般质量问题，是否已整改完毕。

7. 整改完成报告书

要求详细记录整改完成情况，并由建设方签字加盖公章、主监员确认整改完成情况，若在工程验收过程中，未有整改内容，也需要业主（监理）单位签字盖章确认。

8. 工程质量监理评估报告

1）监理单位在工程竣工预验收后，施工单位整改完毕，由总监理工程师填写。

2）质量评估意见一栏：

（1）项目监理部是否已严格按照《建设工程监理规范》（GB/T 50319—2013）、监理合同、监理规划及监理实施细则对该工程进行了全面监理。

（2）地基及基础工程施工质量是否符合设计及规范要求；

（3）主体工程（含网架、幕墙、干挂石材、地下结构、钢结构等）施工质量是否符合设计及相关规范要求。

（4）水、电、暖通等安装工程施工质量是否符合设计及规范要求，是否满足使用功能要求。

（5）明确评定工程质量等级。质监站出具的工程竣工验收内部函件。

9. 建设工程质量评估报告注意事项

1）监理单位在工程竣工预验收后，施工单位整改完毕，由总监理工程师填写。

2）质量评估意见一栏：

（1）项目监理部是否已严格按照《建设工程监理规范》（GB/T 50319—2013）、监理合同、监理规划及监理实施细则对该工程进行了全面监理。

（2）地基及基础工程施工质量是否符合设计及规范要求。

（3）主体工程（含网架、幕墙、干挂石材、地下结构、钢结构等）施工质量是否符合设计及相关规范要求。

（4）水、电、暖通等安装工程施工质量是否符合设计及规范要求，是否满足使用功能要求。

3）明确评定工程质量等级。

注：该评估报告，表由监理单位或建设单位自制，但报告内容必须含以上注意事项内容。

10. 市政工程基础设施的有关质量检测和功能性试验资料提供由国家认证的检测部门出具的功能性试验检测报告。

11. 其他文件资料

（1）规划部门认可文件，通常要求提供工程规划许可证（复印件），但须提供原件验证，复印件加盖建设单位公章注明原件存何处。

（2）工程项目施工许可证，提供复印件，提交原件验证，复印件加盖建设单位公章注明原件存何处。

（3）公安消防部门认可文件，设计有消防要求的提供原件，即"建设工程消防验收意见书"。

（4）环保部门认可文件，设计有环保要求的提供原件，即环保局出具的"建设项目环境影响报告表"。

（5）施工图设计文件审查报告，根据有关规定提供原件。

（6）建设工程档案专项验收意见书，即由城建档案馆提供的"建设工程档案资料接收联系单"（原件）。

12. 法规、规章规定必须提供的其他文件。

参考文献

［1］ 中华人民共和国住房和城乡建设部. 建筑地基基础工程施工规范：GB 51004—2015［S］. 北京：中国计划出版社，2015.

［2］ 中华人民共和国住房和城乡建设部. 岩土锚杆与喷射混凝土支护工程技术规范：GB 50086—2015［S］. 北京：中国计划出版社，2015.

［3］ 中华人民共和国住房和城乡建设部. 混凝土结构工程施工质量验收规范：GB 50204—2015［S］. 北京：中国建筑工业出版社，2015.

［4］ 中华人民共和国住房和城乡建设部. 钢结构工程施工质量验收标准：GB 50205—2020［S］. 北京：中国计划出版社，2002.

［5］ 辽宁省质量技术监督局. 市政工程施工质量验收实施细则：DB21/T 2295—2014［S］. 2014.

［6］ 北京市质量技术监督局. 市政基础设施工程质量检验与验收标准：DB11/1070—2014［S］. 2014.

［7］ 中国工程建设标准化协会. 钢板桩支护技术规程：T/CECS 720—2020［S］. 2020.

［8］ 孙聪聪，白文化. TRD工法在井筒式超深地下立体停车库深基坑中的应用［J］. 施工技术，2019，48（1）：46-49.

［9］ 中华人民共和国住房和城乡建设部. 建筑基坑支护技术规程：JGJ 120—2012［S］. 北京：中国建筑工业出版社，2012.

［10］ 中华人民共和国住房和城乡建设部. 复合土钉墙基坑支护技术规范：GB 50739—2011［S］. 北京：中国计划出版社，2012.

［11］ 江苏省质量技术监督局. 公路工程水泥搅拌桩成桩质量检测规程：DB32/T 2283—2012［S］. 2013.

［12］ 中华人民共和国交通运输部. 公路桥涵施工技术规范：JTG/T 3650—2020［S］. 北京：人民交通出版社，2020.